TOPP

Herbert Hartig

Edle Steine schleifen

Inhalt

HAMAG ELEKTRO · MASCHINENBAU

Xaver-Fendt-Str. 3 D-86807 Buchloe

Telefon	00 49 / 82 41 / 91 01 01
Fax	00 49 / 82 41 / 91 91 02
E-mail	info@hamag-maschinenbau.de
Internet	www.hamag-maschinenbau.de

ISBN 3-7724-0203-8 2. Auf age 2015

Neubearbeitung Erweiterung des Titels: „Mineralien und Edelsteine selbst schleifen“

Druck: Tröndle Druckerei GmbH
Gewerbestraße 2, D-78247 Hilzingen
www.druckerei-troendle.de

Edelsteinschleifen als Hobby

Bei uns noch so gut wie unbekannt, ist das Schleifen von Edelsteinen und Mineralien in den Vereinigten Staaten schon seit über 20 Jahren ein beliebtes Hobby. Es gibt dort etwa 3 Millionen Amateurschleifer, über 1000 Vereine, viele Bücher und Zeitschriften. Aber auch in anderen Ländern wie Australien, Kanada, Japan und Südafrika, wächst die Zahl der Anhänger ständig.

„Das Vorhaben, Edelsteine selber zu schleifen, wirkt zunächst schreckerregend, denn es scheint unmöglich, die notwendige Geschicklichkeit hierfür zu erlangen. Und doch ist viel von dieser Fertigkeit, die sich früher nur nach jahrelanger Übung einstellte, nicht länger notwendig, denn heute sind Maschinen und Zubehör speziell für den Amateur entwickelt und für jederman erschwinglich. In Wirklichkeit ist dieses Hobby leicht, sogar die Kunst des Facettenschleifens wird jeden Tag von Leuten gemeistert, die Früher nicht im Traume daran gedacht hätten, Edelsteine selbst zu schleifen, die gut genug für den besten Schmuck sind. —" (aus J. Sinkankas: Gem Cutting.)

Für Generationen war das Edelsteinschleifen ein streng gehütetes Geheimnis. Nach und nach gelangten die ersten Informationen zu denen, die gerne schleifen wollten, aber nicht wußten wie. Heute, für uns noch Neuland, ist es in den Vereinigten Staaten schon eine Selbstverständlichkeit, ein schönes, neues und großes Hobby, das den, der seinem Zauber verfällt, nicht mehr losläßt. Es ermöglicht eine reizvolle Beschäftigung daheim auf kleinem Raum und im Freien: Das Selbstsuchen der Edelsteine bietet auch heute noch etwas von dem besonderen Reiz des Abenteuers der alten Edelstein- und Goldsucher, vom Diamantfieber früherer Jahrzehnte. Man kann auch jetzt noch in den Alpen, besonders in Österreich und der Schweiz, aber auch in unseren Mittelgebirgen, Edelsteine und Mineralien finden und damit dem Wochenende oder Urlaub interessante neue Möglichkeiten abgewinnen. Der letzte Schrei ist hier die Kombination mit dem Tauchsport: Das Tauchen nach Edelsteinen, Korallen und Perlen. Auch am Meeresstrand kann man schön gefärbte und gemusterte Steine finden, die von der Brandung oft schon so weit zugeschliffen sind, daß sie nur noch poliert zu werden brauchen, um einen schönen Ringstein abzugeben.

Dieses neue Hobby bietet außerdem die Möglichkeit zu ungeahnten persönlichen Kontakten mit der ganzen Welt: Es ist ein internationales Hobby, das uns die Amateure anderer Nationen zu Freunden macht. Wir pflegen einen regen Gedankenaustausch mit unseren amerikanischen, dänischen, holländischen, österreichischen, rhodesischen, schweizerischen Freunden und allen anderen, die daran Interesse haben und schleifen wollen. Grenzen existieren für uns nicht, und fremde Lebensart und Politik stört uns nicht, denn Steine sind international, ja interkosmisch, und die Freude an ihnen kann uns alle verbinden. „Mineraliensammler und Schleifer sind freundliche, gesellige Leute, die keine sozialen Unterschiede kennen, noch Vorurteile aus Alter und Geschlecht oder dem Umfang des Wissens eines Kollegen. Wenn einer Hilfe braucht, unterbrechen sie ihre eigene Arbeit, um ihm zu helfen, soweit sie können und sagen ihm, wo er hingehen muß, um noch mehr zu erfahren. Es gibt untereinander keine Eifersucht, keine Geheimnisse oder Intrigen, denn es gibt mehr als genug Steine für jeden" (John Willhammer). —

Jedermann kann, wenn er will, seine Rohsteine selbst importieren und braucht dafür nicht einmal Zoll zu bezahlen. Es ist schon faszinierend, wenn eine Sendung Edelsteine, eben aus einem fernen Erdteil angekommen, vor uns liegt; wenn das, was die Erde jahrtausendelang verborgen hielt, in so „greifbare Nähe" gerückt ist. Man kann aber auch seine Steine in den Mineralienläden größerer Städte einkaufen und erhält manchmal für wenig Geld eine Kostbarkeit. Ebenso kann man für wenig Geld synthetisches Rohmaterial kaufen und daraus wunderbare Steine in allen Farben und von einer Größe schleifen, die früher nur Königen erreichbar war. Welche Begeisterung befällt uns aber, wenn ein vorher unansehnliches Stück Rohstein, etwa gar ein Saphir oder Rubin, mit seiner großen Härte für den Laien unangreifbar scheinend, in eine kunstvolle Form gezwungen, seinen strahlenden Glanz und geheimnisvolle Farben unseren Augen voll entfaltet.

Es ist aber nicht nur ein Hobby, es kann auch eine neue, besonders reizvolle Form der Geldanlage sein, kann man doch bei kundiger Materialauswahl und guter Gewichtsausnutzung des Rohsteines bis zum zehnfachen seines Wertes gewinnen. Wieviele legen heute ihr Geld in Schmuck und kostbaren Steinen an, um wieviel schöner ist es dann aber diese noch selbst zu schleifen.

Abb. 1 zeigt eine Anzahl Edelsteine, die der Verfasser, der das Schleifen anhand eines Fachbuches selbst lernte, anfertigte. Alle Arbeiten, vom Sägen der Rohsteine bis zum Fertigpolieren können dabei auf einer Maschine mit einem Raumbedarf von ½ qm ausgeführt werden (Abb. 45-48). Außer Lichtstromanschluß ist Wasser-Zu- und Abfluß empfehlenswert, aber nicht unbedingt erforderlich, da relativ kleine Wassermengen zugeführt werden, was auch mit einem Tropfgefäß oder einer Spritzflasche (Autoscheibenwaschanlage) möglich ist. Bei der Anschaffung kann man zunächst mit einem Zubehörteil beginnen und später weiteres hinzukaufen. Man kann sich auch auf nur eine Steinform — Cabochons (Rund-) oder Facettensteine — spezialisieren und braucht dann nicht alle Zubehörteile.

Dieses Hobby beginnt eigentlich schon mit dem Sammeln von Edelsteinen und Mineralien. In Amerika gibt es Campingplätze und Motels in der Nähe bekannter Fundorte und alter Minen. Hier kann man wohnen und Edelsteine sammeln, meist ist auch ein Mineralienladen am Platze, und man kann Steine kaufen, wenn man selbst keine gefunden hat, oder Schleifmaschinen und Zubehör.

Man kann nun die Steine so aufheben (Kabinettstücke, Sammlerstufen, Suiseki) oder zu modernem Schmuck verarbeiten. Man kann sie bohren und zu Ketten verarbeiten, in Draht fassen oder gar Knöpfe, Ohrringe, Broschen, Ringsteine usw. daraus fertigen, und zwar in unveränderter, unregelmäßiger

(barocker) Form (trommelgeschliffen und poliert) oder als Cabochon wie anschließend beschrieben. Damit beginnt das Besondere dieses Hobbys: Einzelne Bruchstücke eines Steines oder Kristalles, und in dieser Form fällt das Rohmaterial meist an, müssen bearbeitet und in eine neue künstlerische Form gebracht werden. Durch diese Form wird das Material seiner Eigenart gemäß erst richtig aufgeschlossen und zu seiner besten Entfaltung gebracht. Ein gut gewachsener Kristall ist schön, und oft werden wir ihn nicht verändern wollen. Glanz und Farbenspiel kann jedoch durch das Wissen um die optischen Gesetze, die der Schleifer beherrschen soll, erheblich gesteigert werden.
Es gibt heute Schliffformen, die aus dem Material das Äußerste herausholen und schwerlich zu überbieten sind. Der Phantasie des Schleifers sind keine Grenzen gesetzt, selbst neue, noch nicht dagewesene, individuelle Schliffe zu entwerfen, die man nirgendwo kaufen kann.

1 Cabochons oder rundgeschliffene Steine

Abb. 2: Cabochon-Formen

Diese Art des Schliffes erscheint dem Laien leichter herstellbar, weil sie weniger Zeit und Vorrichtungen erfordert. Deshalb wird sie auch zuerst versucht, und viele Amateure bleiben dabei. Zu Cabochons geschliffen werden alle Arten der undurchsichtigen, durchscheinenden und durchsichtigen Steine, besonders die weniger wertvollen Arten, fälschlich als Halbedelsteine bezeichnet, denn nichts gibt die Begründung zu einer solchen Klassifizierung, aber auch besonders wertvolle Arten wie Opale, Türkise, trübe Smaragde, Sterne und Katzenaugen. Von vielen Steinarten gibt es sowohl Facetten- als auch Cabochonqualitäten und oft kann man einen Teil eines Kristalls zu einem Facettenstein schleifen, während der Rest wegen Fehlern oder Trübungen für einen Rundstein abfällt. Es gibt auch Schliffe, die auf der Oberseite Cabochon — auf der Unterseite Facettencharakter haben. Cabochons gibt es in den verschiedensten Formen und Dicken (Abb. 2): rund, oval, Tropfen-, Herzform, Rechteck und flache Plättchen. Bei kostbaren Materialien müssen wir uns nach der Form des Rohsteines richten, damit der Stein möglichst schwer bleibt, einfachere Arten können wir nach Belieben zersägen. Wir wählen die Seite des Steines als Oberseite, die am interessantesten ist oder die beste Farbe oder Eigenart zeigt. So muß zum Beispiel ein Mondstein (Abb. 3) genau ausgerichtet werden, da er nur in einer Richtung seinen charakteristischen Schimmer zeigt. Ebenso müssen Sternsteine und Katzenaugen ausgerichtet werden, um ihre Lichtlinien zu zeigen (Abb. 4). Das gleiche gilt für Opale, um ihr bestes Farbenspiel auf die Oberseite zu bekommen. So gibt es noch eine Reihe anderer Arten bei denen eine bestimmte Richtung im Stein ausgewählt werden muß, um die besten Effekte zu erzielen.

Abb. 3: Orientierung eines Mondsteins (nach J. Sinkankas)

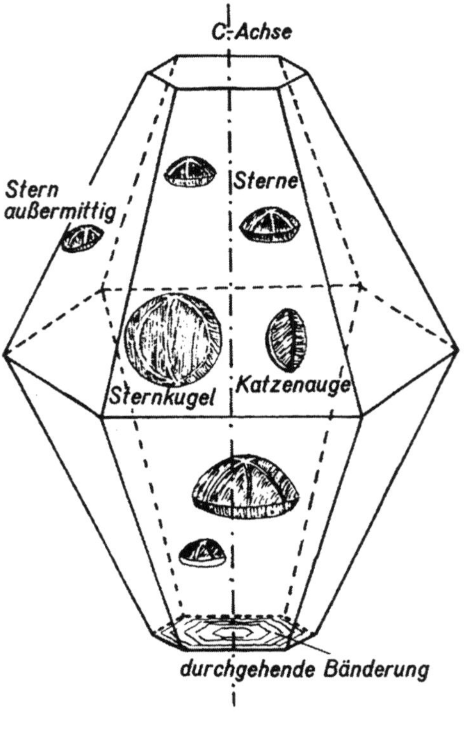

Abb. 4: Wie erhält man Sternsaphire oder Rubine?

2 Das Vorschleifen der Cabochons

Aufkitten: Wir beginnen mit einem Stein passender Größe, am besten zwischen 1 und 2 cm Länge. Das Sägen, und damit die Anschaffung der Steinsäge, können wir zunächst vermeiden indem wir ein geeignetes Stück aussuchen oder kaufen. Das Zerschlagen mit dem Hammer führt zu unkontrollierten Brüchen und hohem Materialverlust und sollte nur bei ganz billigem Material versucht werden. Als Material für den ersten Stein wählen wir ein solches, das nicht empfindlich ist und leicht poliert, am besten ein Quarzmineral wie Amethyst, oder einen Feldspat wie Mondstein.

Auf einer Siliziumkarbidscheibe (Abb. 5) mit 150-200 mm Ø, Körnung 50-70 Härte N, schleifen wir nun mit etwas Wasserzufuhr und 1400 U/min als **Unterseite** eine Fläche und zwar so, daß diese gegenüber der vorher ausgewählten Oberseite (s. Abschnitt 1) zu liegen kommt. Der Druck des Steines auf die Schleifscheibe soll dabei gering sein, der Stein soll nicht „funken", sonst bekommt er leicht Risse.

Wenn die Fläche groß genug geschliffen ist, zeichen wir mit einem Aluminium- oder Messingstift (alten Kugelschreiber) die Grundform des Steines, am besten mit einer Schablone auf (Abb. 6). Diese Grundform schleifen wir möglichst genau auf der gleichen Schleifscheibe wie vorher aus dem Stein heraus und zwar mit der Handauflage oder freihändig (Abb. 7). Dann kitten wir den Stein mit Steinkitt oder Siegellack mit der Unterseite auf einen

Abb. 5: Vorschleifen eines Cabochons, Unterseite

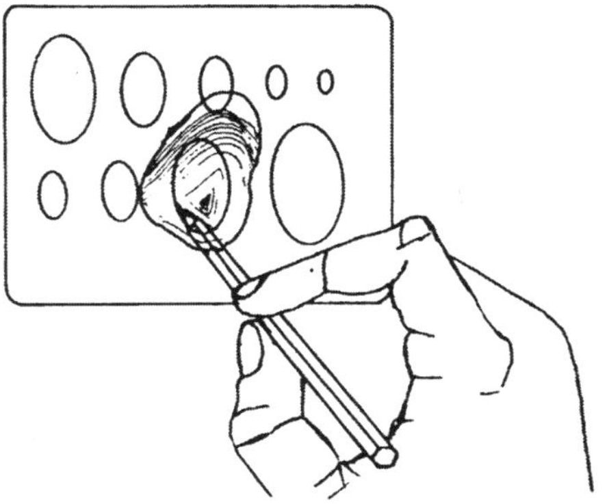

Abb. 6: Aufzeichnen der Grundform nach einer Schablone mit einem Messing- oder Aluminiumstift

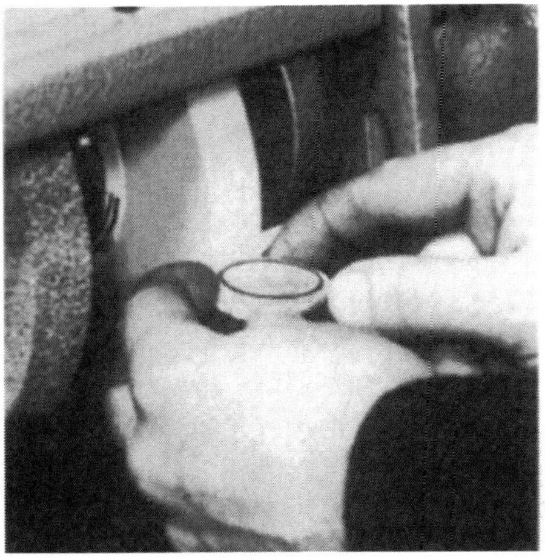

Abb. 7: Schleifen der Grundform

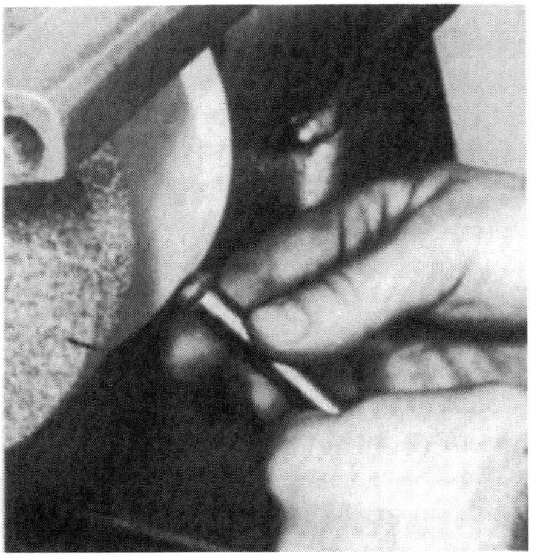

Abb. 9: Schleifen der Wölbung

Abb. 8: Aufkitten der Steine

Abb. 10: Fehler beim Cabochon

Hartholz- oder besser auf einen Messingstift von etwas kleinerem Querschnitt wie der Stein. Dazu ist am besten ein alter Elektrokocher, ein umgedrehtes Bügeleisen oder eine ausgeschnittene Konservendose mit Spiritusflamme oder Kerze darunter geeignet. Stein **und** Stift werden auf die Platte gelegt und erwärmt, bis der Kitt, an Stein und Stift angehalten, schmilzt (Abb. 8). Vorsicht bei hitzeempfindlichen Steinen (s. Abschnitt 6). Wir drücken nun den Stift mit reichlich Kitt versehen fest auf die Mitte der Grundfläche, so, daß der Kitt die Berührungsfläche zwischen Stein und Stift möglichst vergrößert. Das geht am besten, wenn wir noch etwas Kitt auf der heißen Platte zum Schmelzen bringen, den heißen Stift mit einer Zange halten und sein Kittende in den geschmolzenen Kitt tauchen, ebenso den Stein mit seiner angeschliffenen Fläche, und dann beide schnell aufeinanderdrücken. In einem Lochbrett setzen wir den Stift nun ab und lassen ihn erkalten. Danach schleifen wir die Wölbung des Steines auf der gleichen Scheibe unter ständig kreisenden, hin- und hergehenden Bewegungen vor (Abb. 9). Diese Arbeit erfordert etwas Übung, damit die Wölbung gleichmäßig wird und nicht schief über der Grundfläche sitzt und keine ebenen Flächen auftreten, die Handfertigkeit dazu ist aber sehr bald angeeignet (Abb. 10).

Von der groben Scheibe wechseln wir nun auf eine feinere mit Körnung 220 und versuchen hier die Wölbung noch runder, gleichmäßiger und symmetrischer zu machen als vorher.

3 Das Sanden oder Schmirgeln der Cabochons

Den nächsten Schleifvorgang bezeichnen die Amerikaner als „sanding", ein Schleifen oder Schmirgeln auf nachgiebiger Unterlage mit wasserfestem Siliziumkarbid- oder Diamant-Schleifpapier oder Schleifleinen. Hierbei wird kaum noch Material abgetragen, sondern nur noch Kratzer vom vorhergehenden Schleifen und die mehrfache Brechung der gewölbten Fläche, eben die letzten Unebenheiten beseitigt und zum Polier-en vorbereitet. Geschliffen wird hier auf breiteren Schleiftrommeln mit Filz- oder Gummi-, Schaumstoff- oder Schaumgummiunterlage. Ganz besonders eignet sich hierfür eine amerikanische Gummitormmel, die nach Art eines schlauch-losen Reifens aufge-

Abb. 11: Gummitrommel zum Aufpumpen

pumpt und auf die das endlose Schleifleinenband festgespannt wird (Abb. 11). Je nach Stärke des Aufpumpens ist die Trommel mehr oder weniger elastisch und gestattet so das Schleifen hoch oder flach gewölbter Flächen. Auch sehr empfindliche Steine wie Opale, können hiermit bestens bearbeitet werden. Geschliffen wird wieder naß mit Körnung 400, für besonders gute Politur oder schwer zu polierende Steine anschließend noch mit Körnung 600 oder einem alten abgenützten Band der Körnung 400. Auch hierbei wird der Stein wieder ständig gedreht und bewegt, damit die letzten Unregelmäßigkeiten der Wölbung beseitigt werden. Wir prüfen nun den Stein **trocken** sehr genau (Lupe) ob alle Kratzer und Schleifspuren beseitigt sind, bevor wir zum Polieren übergehen. Kratzer gehen beim Polieren nicht weg und müssen später doch noch überschliffen werden (Drehzahl 1400–3000).

---

4 Polieren der Cabochons

Nun wechseln wir die Schleiftrommel gegen eine Filz-, Holz- oder Lederscheibe je nach Art des Steines (s. Abschnitt 10) aus. Für unseren ersten Stein nehmen wir eine Filzscheibe. Wenn wir die pneumatische Schleiftrommel besitzen, können wir das Schleifband einfach gegen ein Stoff-, Filz- oder Lederband vertauschen und besitzen so wieder die ideale Poliereinrichtung. Die Schutzhaube sollte aber vorher von allen zurückgebliebenen Rückständen gereinigt werden, da die darin enthaltenen Schleifkörner mit Sicherheit immer wieder die Politur zerkratzen, wenn sie auf den Stein kommen. Nach Art des Steins wird nun das geeignete Polierpulver (s. Abschnitt 10), hier Aluminiumoxyd oder Ceroxyd mit etwas Wasser angerührt, ein paar Tropfen Spülmittel (Enthärter) zugesetzt und mittels einer Spritzflasche in kleinen Mengen auf die Scheibe aufgetragen. Nun wird auf die gleiche Art wie beim Sanden, nur mit etwas mehr Druck, weniger Wasser und verminderter Drehzahl (500 bis 1400 U/min) poliert, bis sich spiegelnder Hochglanz einstellt. Es gibt Steinarten, die schnell polieren und solche, bei denen es lange dauert. Hier ist besonders sorgfältiges Sanden wichtig. Auch die feinsten Kratzer müssen weg — mit der Zehnfachlupe kontrollieren. Wasser wird nur tropfenweise angewendet, damit das Poliermittel nicht antrocknet und der Stein nicht heiß wird. **Vorsicht** bei empfindlichen Steinen und solchen, die „hinterschleifen". Bei diesen Steinen bleiben härtere Teile stehen, während weichere abgetragen werden, so daß Riefen und Unebenheiten entstehen. In beiden Fällen leistet wieder die pneumatische Gummiwalze beste Dienste, im ersten Falle durch die Vermeidung von Stoßstellen beim endlosen Filz- oder Baumwollband, im zweiten mit einem verleimten Lederband, das dem Unterschleifen entgegenwirkt. Die Unterseite der Cabochons braucht bei undurchsichtigen Steinen nicht poliert zu werden. Man versieht den Rand nur mit einer feinen Phase, damit dieser beim Fassen nicht ausbricht (Abb. 10).

5 Facettensteine

Für den Laien ist es zunächst unvorstellbar auch diese selbst schleifen zu können, und doch ist es genau so leicht und von allen Arten Edelsteinen zu schleifen, die am meisten faszinierende und wertschaffende. Zu Facettensteinen werden normalerweise nur die durchsichtigen Arten und die jeweils besten Qualitäten und Farben der Edelsteine verarbeitet, eventuell aber auch solche mit interessanten Einschlüssen und in neuerer Zeit gelegentlich sogar undurchsichtige Steine wie z. B. Jade. Die Formen sind ebenso vielzahlig und ähnlich denen der Rundsteine (Abb. 12), nur daß die Oberfläche der Steine nicht gewölbt, sondern mit vielen kleinen Flächen, den sogenannten Facetten, bedeckt ist und auf der Vorderseite meist eine größere Facette, die Tafel, besitzt, die zur Aufnahme der Lichtstrahlen dient, während sich die Facetten auf der Rückseite des Steines zu einem Reflektor formen. Bei Glassteinen (sog. Mode- oder Similischmuck) ist dieser Reflektor verspiegelt, um dem Material die fehlende Brillanz zu geben, bei echten und auch synthetischen Edelsteinen wird dieser Effekt allein durch die hohe Lichtbrechung der Steine, verbunden mit dem **richtigen** Neigungswinkel der Facetten gegen die Tafelebene erzielt. Eine genaue Betrachtung des Rohsteines mit einer starken Lichtquelle an der Grenze zwischen Licht und Schatten (Abb. 13) und die Ausrichtung der Tafelebene ist auch hier entscheidend für die spätere Wirkung des fertigen Steins: Erstens durch die Lage der Tafel die beste Form und das höchste Fertiggewicht heraus-

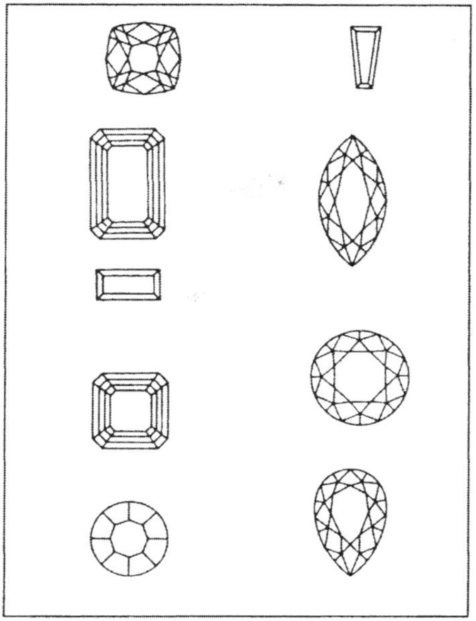

Abb. 12: Facettenstein-Formen

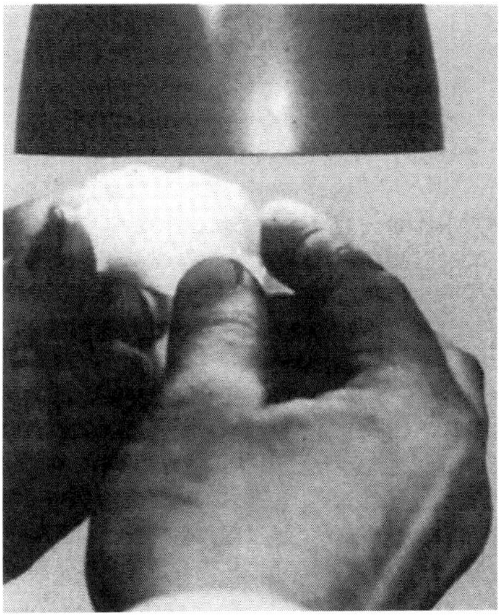

Abb. 13: Richtige Betrachtung des Steins

zuholen. 2. sind viele Steine dichroitisch, das heißt, sie zeigen, von verschiedenen Seiten betrachtet, verschiedene Farben. Davon ist eine die gewünschte, die andere ein Fehler, der den Stein weniger wertvoll macht, z. B. Saphir: kornblumenblau erwünscht — grünstichig unerwünscht, Rubin: taubenblutrot erwünscht — gelbrot unerwünscht. Die Tafelebene muß dann senkrecht zur gewünschten Farbrichtung angelegt werden. 3. ist bei einigen Steinen die Farbe ungleich verteilt und man muß die Tafel so legen, daß die Streifen möglichst nicht sichtbar sind oder die beste Farbe in die Spitze auf der Rückseite des Steins zu liegen kommt, da diese den ganzen Stein färbt (z. B. Amethyst). 4. Ein anderer Grund der richtigen Tafelorientierung ist der, etwaige Fehler und Unreinheiten des Rohsteins möglichst außerhalb der fertigen Steinform zu bringen; wenn sich das nicht ganz vermeiden läßt, möglichst nahe an die Rondiste und keinesfalls in den sichtbaren Tafelbereich. Bei solchen Steinen soll möglichst Brillant- und **kein** Treppenschliff angewendet werden, da dieser die Fehler durch Spiegelung vervielfacht. 5. Bei Steinarten mit sogenannter Doppelbrechung, wird der eintretende Lichtstrahl in zwei Teile gespalten und verläßt doppelt den Stein; die Facettenkonturen sehen dann durch die Tafel gesehen, verwaschen und ungenau aus, sollte der Stein in Richtung der optischen Achse geschiffen werden, da dann die Doppelbrechung nicht sichtbar ist: Tafel anpolieren — auf die Rückseite des Steins Bleistiftstrich machen — von vorne durch die Tafel sehen und diese nach verschiedenen Richtungen

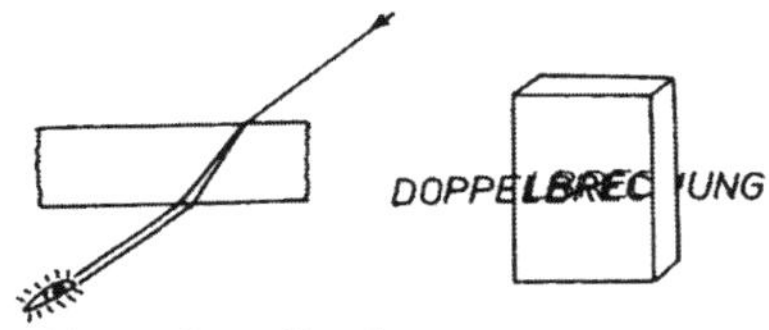

Abb. 14: Doppelbrechung

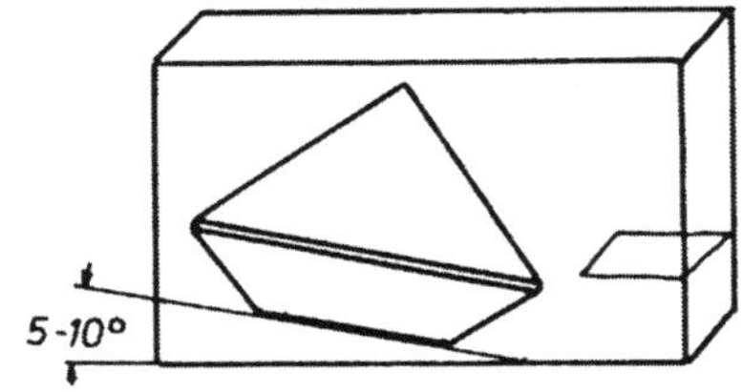

Abb. 15: Steine mit Spaltebenen z. b. Topas

neigen bis nur 1 Strich sichtbar ist, dann Tafel senkrecht zu dieser Richtung nachschleifen (Abb. 14). 6. Bei Steinen mit leichter Spaltbarkeit muß die Tafelfläche 6-10° gegen die Spaltfläche geneigt werden, damit keine Facette in die Spaltebene zu liegen kommt. (z. B. Edeltopas, Spaltfläche parallel zur Grundfläche des Kristalls, s. Abb. 15). 7. Andere Steine wieder schleifen oder polieren besonders schlecht in einer bestimmten Ebe-ne, man darf also die Tafel nicht in diese Ebene legen.

Das klingt alles sehr kompliziert, ist es aber nicht. Am Anfang darf hier jeder Fehler machen, um daran zu lernen. Die Steine, die wir zuerst schleifen sind billig und unproblematisch, und hat man erst einmal Feuer gefangen für dieses schöne Hobby, dann lernt sich alles leicht. Man wäre sicher weniger stolz auf seine fertigen Steine, wenn die Be-schäftigung damit nicht auch ein bißchen „knifflig" gewesen wäre. Bei der Besprechung der einzelnen Steinarten wird auf diese Besonderheiten nochmals hingewiesen.

6 Das Vorschleifen und Aufkitten der Facettensteine

Wählen wir für den Anfang am besten einen Rauchtopas. Er ist billig und ohne Probleme und ergibt einen schönen Stein. Als Form wählen wir einen runden Brillantschliff von etwa 10 mm Durchmesser. Nachdem wir den Stein untersucht und die Lage der späteren Tafelfläche entschieden haben, schleifen wir **diese** auf der Seite einer Scheibe wie unter 2 beschrieben, flach wie die Unterseite eines Cabochons, etwas größer als die Fläche der späteren Tafel. Wir können diese aber auch besser auf der Facettenschleifenrichtung selbst anschleifen, wenn wir eine gröbere Diamantschleifscheibe oder ein gröberes Schleifpulver (Körnung 400) verwenden (Abb. 16). Ist die Tafelfläche genügend groß geschliffen, feuchten wir sie mit Öl an, um besser durchsehen zu können und kontrollieren damit die richtige Lage der Tafel noch einmal wie unter 5 beschrieben. Jetzt ist die letzte Gelegenheit, einen teuren Stein so zu orientieren, daß aus dem Rohmaterial das beste herausgeholt wird. Besonders teure Steinarten, wie Smaragd, Rubin und Saphir, die ganz rein fast überhaupt nicht zu bekommen sind, muß· man so orientieren, daß sie die beste Farbe zeigen und — nach Möglichkeit — wenig Unreinheiten, wobei man dem Smaragd fast alles verzeiht, wenn er nur schön grün ist.

Nun wird der Stein an der Stelle der späteren Tafel auf einen kalibrierten Messingstift von 8 mm Ø mit Steinkitt (Dopwachs), Schellack oder Siegellack, ähnlich wie unter 2 aufgekittet. Steine und Stiffe müssen gut entfettet sein (Abreiben mit Alkohol oder Nitroverdünnung). Der Stein wird möglichst genau auf dem Stift zentriert (Pinzette) und zum vorsichtigen Erkalten im Lochbrett abgestellt (Abb. 8). Der vordere Durchmesser des Stiftes soll immer ein wenig kleiner sein als der Rondistdurchmesser des Steins.

VORSICHT!
Bei sehr kleinen Steinen, sie lösen sich leicht beim Schleifen und sind dann nicht mehr aufzufinden — guten Kitt verwenden — Schleifeinrichtung mit Plastikfolie abdecken.

VORSICHT!
Bei sehr großen Steinen. Beim Umkitten leitet die kalte Gegenplatte die Wärme so schnell ab, daß der Stein zerspringt — Gegenplatte anwärmen!

Abb. 16: Anschleifen der Tafel auf der Facettenschleifeinrichtung

VORSICHT!
Bei wärmeempfindlichen Steinen — Stein auf Kartonstück erwärmen, Heizgerät von kalt langsam aufheizen. **Alle** Steine durch Anhalten eines Schellackplättchens auf richtige Temperatur prüfen (wenn Schellack schmilzt, ist der Stein heiß genug) — nur mit Schellack kitten — ebenso langsam abkühlen. Beim Lösen des Steins nur Stift erwärmen. — Siehe Hinweise unter 10

Wir schleifen nun die spätere Form des Steines **rund** vor, z. B. beim runden Brillantschliff (Abb. 17), der den besten Anfang bietet, als Unterseite einen Kegel von ca. 45º bis auf 2/3 der Steinhöhe (das verbleibende restliche Drittel wird für das Oberteil benötigt). Diese Arbeit können wir von Hand an der Cabochonschleifeinrichtung ausführen, was aber eine gewisse Geschicklichkeit erfordert, besonders beim runden Steinquerschnitt. Dieser soll ja genau rund sein und das will von Hand nicht so leicht gelingen (Abb. 18). — Eine zweite Methode besteht darin, den aufgekitteten Stein gleich in den Facettenschleifkopf einzuspannen, den Winkel möglichst hoch (80-85º) einzustellen, den Teilapparat zu entkoppeln und den Stein dann ständig drehen auf einer Siliziumkarbid- oder gröberen Diamantschleifscheibe rund zu schleifen.
Auch hier erfordert es trotz der Höhenfeststellung ein gewisses Geschick und Geduld bis die genaue Rundform erreicht ist. Für sehr kleine Steine ist dies aber die beste Methode. Größere Steine und solche für Treppenschliff können hier schon in den Hauptfacetten vorgeschliffen werden, indem man den Teilapparat genau wie beim folgenden Facettenschliff einstellt (Abschnitt 7 / Modell A und B). Bei ovalen, tropfen-, herz- und markisenförmigen Steinen sowie Phantasieformen, die wir erst dann versuchen, wenn wir die regelmäßigen Formen beherrschen, wird der

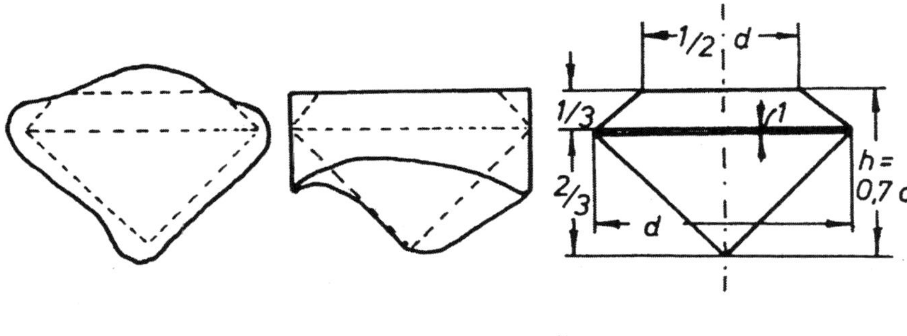

Abb. 17: Rundform des Brillantschliffs

Rundistquerschnitt immer von Hand vorgeschliffen. Eine dritte Methode nur für Steine mit rundem Querschnitt (auch Cabochons) erzielt in kürzester Zeit genau runde Querschnitte bei Steinen bis zu 200 Karat und mehr Gewicht (diese großen Steine würden sich anders auf diesen kleinen Maschinen überhaupt nicht schleifen lassen): Der aufgekittete Stein wird in das Handstück einer Biegwelle gespannt und gegenläufig rotierend an der Schleifscheibe der Cabochonschleifenrichtung abgeschliffen (Abb. 19). Bei dieser Methode wurde beobachtet, daß empfindliche Steine viel weniger zu Sprüngen neigen, als bei den anderen Methoden, vermutlich, weil sich die entstehende Wärme immer gleichmäßig verteilt. Der Schleifdruck soll gering sein, das Handstück der Biegwelle wird hin- und herbewegt damit die Schleifscheibe keine Rillen bekommt, der Winkel zwischen der Motorachse und der Biegwelle wird während des Schleifens zwischen 0 und 90º verändert. Wenn der Stein nicht zentrisch rund wird, ist der Schleifdruck zu hoch, so daß die Biegwelle vibriert.

Beim Brillantschliff soll die Höhe der vorgeschliffenen Steine immer 60-70% des Gürteldurchmessers betragen, beim Treppenschliff soll sie so groß sein wie die Breite des Steins. Die Rundiste oder Gürtellinie wird nicht scharf ausgeschliffen, sondern später mit einer schmalen Phase versehen, damit der Stein beim späteren Fassen nicht ausbricht (Abb. 17). Sie kann nach Wunsch poliert oder nur fein geschliffen werden (Körnung 400). — Besonders gut geht das auf der pneumatischen Schleiftrommel mit Schleifband 400.

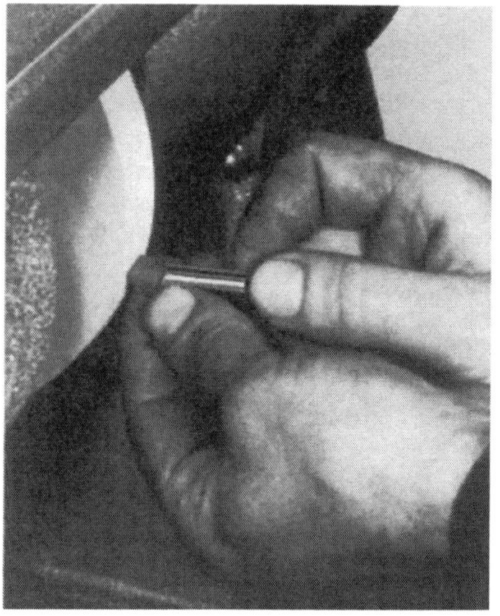

Abb. 18: Vorschleifen von Hand

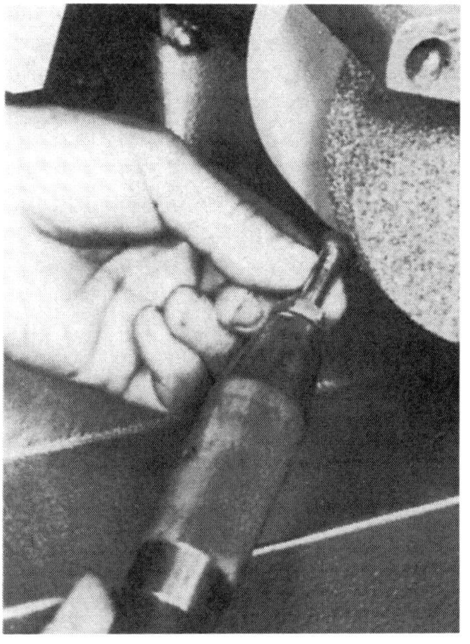

Abb. 19: Vorschleifen mit der Biegwelle

7 Facettenschleifen

Facettenkopf Modell A ist ein hochentwickelter Facettenschleif- und Polierkopf für höchste Ansprüche an Genauigkeit und **alle** Facettenformen, auch Phantasieschliffe, ein Quadrantinstrument mit Nonius und feinstellbarem Winkelanschlag, geeignet zum Schleifen auf „Anschlag", einem Teilapparat mit Teilscheibe für 64 oder 60 Teilungen und stufenlosem Feinteiler für jede beliebige Unerteilung, das Präzisionsinstrument für den Professionellen und den anspruchsvollen Amateur. Nach dem Vorschleifen des Steines wird dieser nun mit dem Stift zuerst in die Aufnahmebohrung des Facettenkopfes gesteckt und gedreht bis dieser einrastet, danach mit der Rändelmutter festgespannt. Auf dem Quadranten wird nun der Höhenwinkel (Neigungswinkel gegen die Rundistebene) mit Feststellvorrichtung und Winkelanzeiger für die erste Hauptfacette je nach Steinart, in untenstehender Tabelle ersichtlich, eingestellt. Für unseren ersten Stein sind das also 41 bis 43º. Wir heben oder senken nun die Kopfhalterung so, daß der Stein gerade auf der Läppscheibe aufliegt (Abb. 20). Der Teilapparat soll für die erste Facette auf Nr. 64 stehen.

Facettenkopf Modell B: Ein einfacheres Modell, aber in jetzt verbesserter Ausführung. Das Facettieren geht damit genau so leicht und gibt ganau so schöne Steine. Der Stift mit dem Stein wird eingespannt, bei eckigen Steinen passend ausgerichtet und mit der Rändelmutter festgespannt, der Winkel auf der Skala eingestellt und zwar auf der unteren Skala, die von rechts nach links läuft und mit der Wirbelmutter gut festgespannt, damit er sich nicht beim Schleifen verstellen kann. Hier wird mit feststehendem Winkel geschliffen, so daß die Höheneinstellung mit Feinsteller zugleich ein Anschlag ist, der ein Zugroßschleifen der Facette verhindert. Ein gleichmäßiger Schleifdruck und öfteres Kontrollieren sind aber trotzdem wichtig, da 1/100 mm schon große Unterschiede in der Facettengröße bedingen. Der Facettenzeiger steht bei den Hauptfacetten auf Strich „H" (Abb. 21) die 16-Loch-Teilscheibe wird in Loch 1 eingerastet.

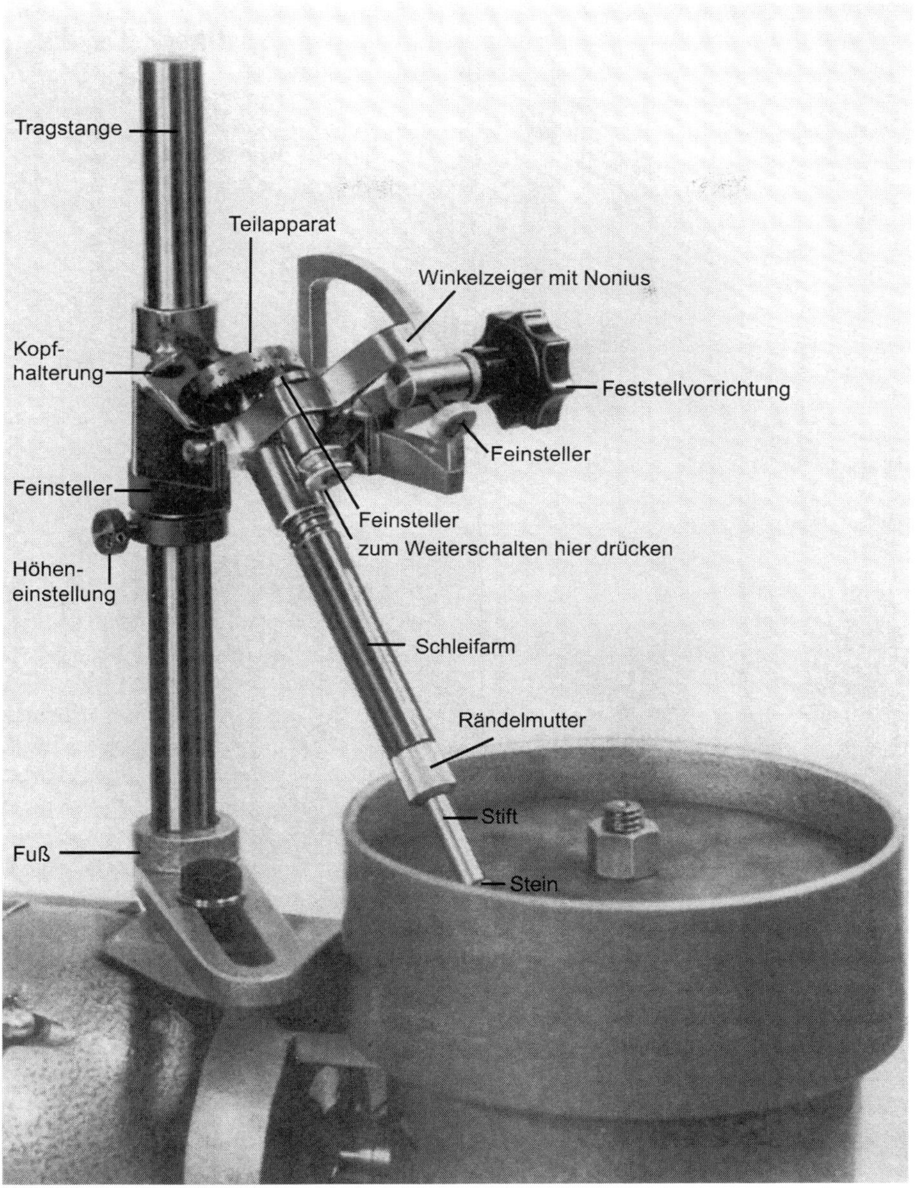

Abb. 20: Facettenschleifkopf Modell A

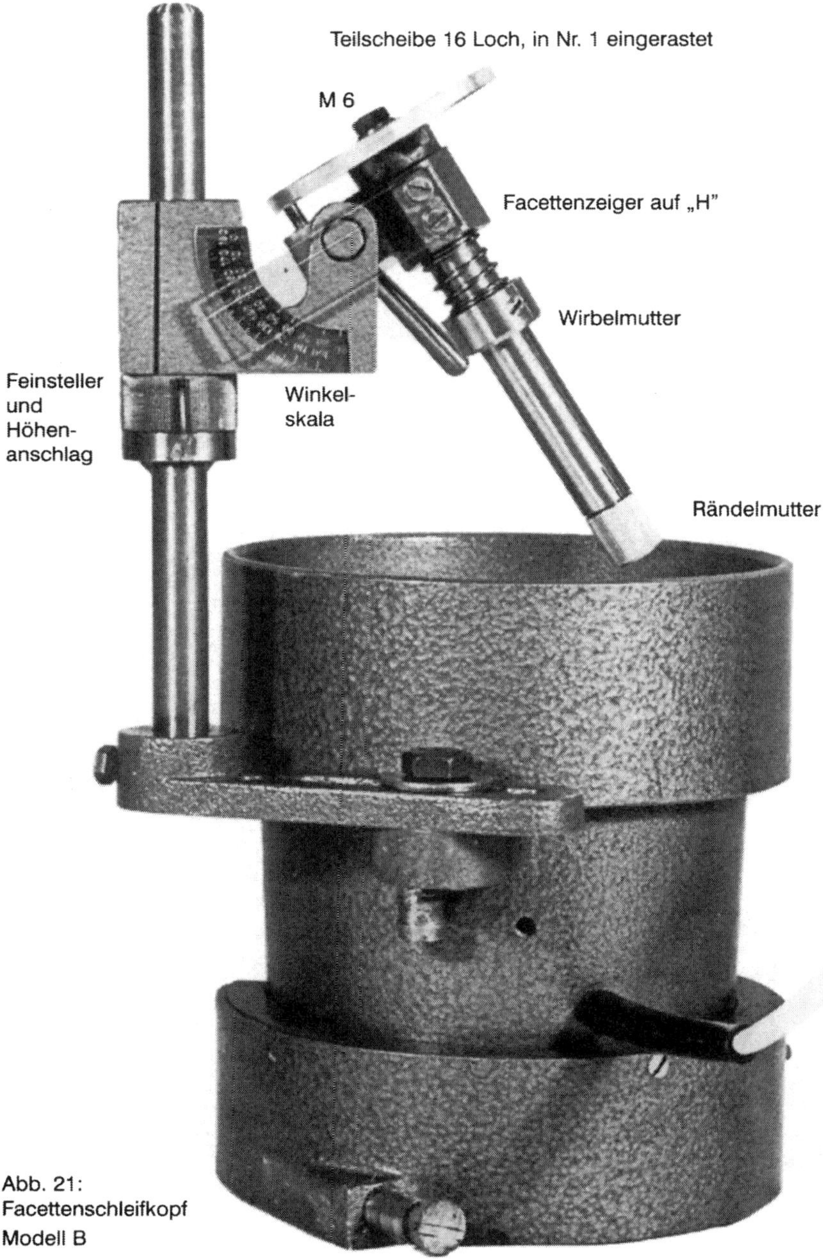

Abb. 21:
Facettenschleifkopf
Modell B

Brechungs-index RI.	Steinarten als Beispiel	Oberteil (Winkel gegen die Rondistebene) φ	Unterteil ψ	krit. Winkel für kleinst. RI. (εg)
2,6 – 3,26	**Rutil,** Proustit, Zinnober, (Hämatit)	31–34	41	22°31'
2,41 – 2,5	**Diamant,** Fabulit, Sphalerit, Wulfenit	33–35	41	24°25'
1,8 – 2,3	**Zirkon,** Sphen, Kassiterit	35–46	39–41	33°32'
1,76 – 1,8	**Korund,** Epidot, Almadingranat	37–50	39–42	34°37'
1,72 – 1,76	**Spinell,** Pyrop, Alexandrit, Epidot	37–50	39–42	35°36'
1,62 – 1,7	**Topas,** Turmalin, Spodumen, Peridot	40–53	39–40	38°01'
1,56 – 1,6	**Beryll,**	40–51	40–43	39°13'
1,55 – 1,56	**Quarz,** Labrador, Beryllonit, Scapolith	40–50	41–43	40°20'
1,44 – 1,54	**Opal,** (Glas), Feldspat, Bernstein, Tektite	41	45	43°36'
1,434	**Fluorit**	41	45	44°13'

Tabelle 1 Winkelwerte der Hauptfacetten beim Brillantschliff

Die Angaben der Höhenwinkel gehen bei verschiedenen Autoren weit auseinander, so daß genügend Spielraum bleibt, auf jeden besseren Stein individuell einzugehen um die Ausnützung des vorhandenen Rohmaterials optimal zu erhalten, dunkle Steine flacher, helle dicker zu schleifen. Hier eine Tabelle empfohlener Winkelwerte für die **Hauptfacetten** beim Brillantschliff. Beim Treppenschliff im Unterteil entspricht er dem Winkel der Facettenreihe an der Spitze (Apex) des Steines, im Oberteil dem Winkel der mittleren bzw. gürtelnäheren Facettenreihe. Kleiner oder größer als angegeben sollten die Winkel nicht gewählt werden, da der Stein dann das von oben einfallende Licht nicht mehr zurückspiegelt, sondern durchläßt (Abb. 22). Innerhalb der angegebenen Werte sollten zu **größeren** Oberteilwinkeln **kleinere** Unterteilwinkel gewählt werden oder umgekehrt. Für Ringsteine ist es immer günstig, kleinere Unterteilwinkel und größere Oberteilwinkel zu wählen, damit die

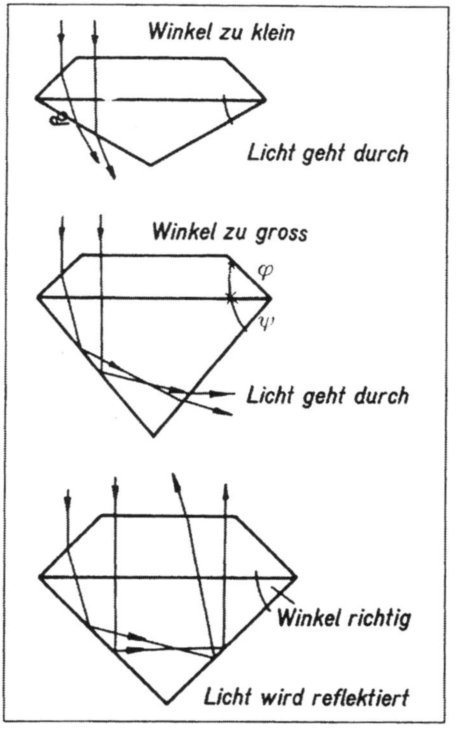

Abb. 22: Lichtbrechung beim Brillantschliff

Fassung für den Stein nicht zu hoch wird. Bessere Brillanz und Farbe erhält man aber durch größere Unterteil- und kleinere Oberteilwinkel (als Beispiel siehe die Werte für Diamant und Fabulit). Bei sehr dunklen Steinen kann bis fast zum kritischen Winkel heruntergegangen werden, damit diese nicht schwarz wirken.
Für die, die ganz genau wissen wollen:

$$\sin \alpha = \frac{1}{RI}$$

Mit dieser nun festgelegten Winkeleinstellung kann die erste Facette geschliffen werden. Als Läppscheibe nehmen wir zuerst eine Gußeisen- oder Stahlscheibe. In ein Glas geben wir einen Teelöfel voll Siliziumkarbidpulver der

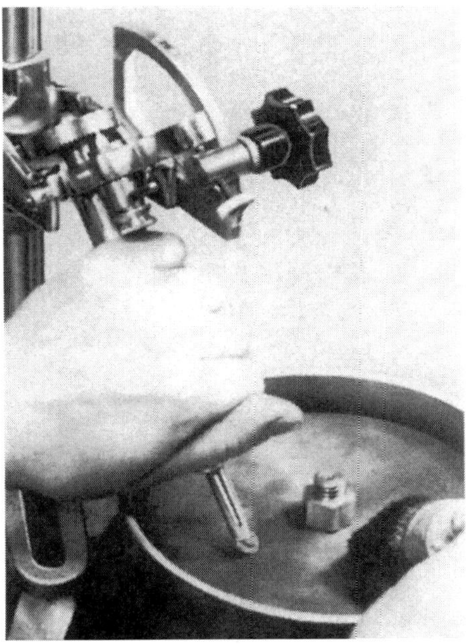

Abb. 23: Facettenschleifen

Körnung 800 (bei größeren Steinen zuerst 400), etwas Wasser und einige Tropfen Spülmittel. Mit einem kleinen Pinsel mischen wir alles gut und geben alle paar Minuten einige Tropfen davon auf die Scheibe, die mit 500-1000 U/min. laufen soll.
Dabei fassen wir den beweglichen Arm des Facettenschleifkopfes mit der linken Hand und bewegen den Stein unter leichtem Druck auf der Läppscheibe hin und her, damit keine Rillen entstehen. (Abb. 23). Tropfenweise Wasser verhindert das Trockenlaufen der Scheibe. Immer wieder kontrollieren wir die Größe der entstehenden Facette, bis diese die Spitze des Kegels und die Rondiste erreicht hat. Nach dieser Methode können wir alle Steine, außer Härte 9 (Korund) und härter, gut und schnell schleifen. Die Methode ist billig und wird heute noch berufsmäßig angewendet, sie hat aber einen großen Nachteil: Der Schleifstaub setzt sich überall ab und wir müssen nach dem Schleifen alles gründlichst reinigen (auch Hände und Fingernägel, am besten auch den Arbeitsmantel wechseln) sonst kommen beim Polieren immer wieder einzelne Körner auf die Scheibe und zerkratzen die schon polierten Flächen. Diese sind dann nur schwer wieder glattzubekommen und man sieht auch in der Politur noch einzelne Rillen.
Teurer, eleganter und sauberer ist folgende Methode: Auf einer Kupferscheibe wird ein Spritzer Salatöl verteilt, nur soviel, daß sie eben feucht und nicht naß ist, anschließend ¼ Karat Diamantpulver (für eine Scheibe von 150 Ø) 15-20 μm Korngröße in winzigen Dosen so gleichmäßig wie möglich verteilt und mit den Fingerspitzen gleichmäßig

eingerieben, danach mit einem gerundeten Stück Achat (Form wie Tintenlöscher) von allen Seiten unter starkem Druck eingerieben (bis der Arm schmerzt), anschließend noch ein paar Minuten in der Facettenschleifrichtung laufen lassen und wiegend einreiben. Die Diamantkörner sitzen nun fest in der Kupferscheibe, das überschüssige Pulver (Brei) kann abgewischt und beim nächstenmal wiederverwendet werden. Mit dieser Scheibe kann man nun ein paar Steine schleifen, ohne neues Pulver zugeben zu müssen. Wasser nur tropfenweise. Der Schliff ist sehr sauber, alles bleibt sauber, auch der Stein, und so kann man die Facetten viel genauer aufeinander abstimmen und muß den Stein nicht jedesmal in Wasser tauchen und abwischen. Auch Steine der Härte 9 kann man mit dieser Methode schleifen und mit den feinsten Diamantkörnungen (0 bis 2 µm) diese Steine auch polieren. Die Drehzahl kann von 500 U/min (empfindl. Steine) bis 2000 U/min betragen. Bei kleinen Steinen, und wenn der Diamantbelag schon etwas abgenützt ist, besteht die Gefahr, daß der Stein in das weiche Kupfer einhakt, dieses zerkratzt oder vom Stift abspringt und zertrümmert wird. Vorsicht! Immer naß und etwas fett halten.

Die dritte Methode ist heute die eleganteste, modernste und schnellste. In der Anschaffung zunächst freilich auch die teuerste, aber auf die Dauer gesehen durchaus wirtschaftlich und im Ergebnis nicht zu schlagen: Das Schleifen auf einer gebundenen Diamantscheibe. Hiermit können alle Steine, außer Diamant in kürzester Zeit und auf das Genauste geschliffen werden. Kleine

Abb. 24: „Multilap"-Scheibe

Steine bis etwa 20 mm Durchmesser oder Länge können bei einer ganz neuen Scheibe dieser Art (Abb. 24) sogar in einem Arbeitsgang geschliffen und poliert werden, da in der Mitte dieser Scheibe eine Polierscheibe aus Zinn, Plexiglas oder Kupfer auswechselbar eingelassen ist. Die Arbeit ist sauber und sehr schnell, der Stein bleibt sauber und alle Aufmerksamkeit des Schleifers kann auf die Genauigkeit des Schliffes konzentriert werden. Bei dieser Scheibe ist es auch erstmals möglich, da ihre Schleifkraft gleichbleibt, mittels des Höhenwinkelanschlags und seiner Feineinstellung „auf Anschlag" zu schleifen so daß jede Facette gleich groß wird und nicht „überschleift", ohne daß der Schliff ständig kontrolliert werden muß. Alle diese Vorteile bringen eine große Ersparnis an Zeit.

Nachdem die erste Facette fertiggeschliffen ist, werden alle weiteren Facetten einer Steinhälfte (hier der Unterseite) in der Reihenfolge wie unter 8. beschrieben geschliffen. Dann wird poliert.

8 Schliffarten der Facettensteine

Von hundert möglichen Schlifformen für Edelsteine sollen hier 2 Arten als Beispiel beschrieben werden. Wer diese beiden beherrscht, kann leicht alle anderen schleifen und nach den Anregungen im Kapitel 16 neue erfinden.

Modell A: Wir wollen also mit der **Rückseite** (Pavillion) eines **Brillantschliffs** beginnen und schleifen nach Facette 64, wie unter 7. beschrieben, die gegenüberliegende Facette 32, gleich groß und symmetrisch, damit die Spitze des Kegels genau in die Mitte kommt und nicht schief wird. Als weitere Facetten schleifen wir nun 16 und 48 und prüfen die damit entstandene 4seitige Pyramide noch einmal ob sie regelmäßig und nicht schief geworden ist, und gleichen etwaige Fehler aus (Abb. 25). Auch wenn im Stein selbst noch Fehler oder Sprünge zu sehen sind, können wir dies vielleicht jetzt noch wegschleifen, wenn wir den Höhenwinkel verkleinern. Keinesfalls darf aber dabei der kritische Winkel unterschritten werden, da sonst der Stein durchscheinend wird und nicht mehr glänzt (siehe Tabelle 1). Der Höhenwinkel sollte immer 1-2° größer sein als dieser. Wenn wir als nächstes noch die Facetten 8, 24, 40 und 56 schleifen und zwar so, daß nun alle 8 gleich groß sind und sich in der Spitze genau treffen, haben wir den Einfach- oder Achtkantschliff für die Unterseite schon fertig (Abb. 26). Dieser wird für kleine Steine, bei billigem Material und bei Glasimitationen auch angewendet. Wir aber wollen den sogenanten „Vollschliff" ausführen und

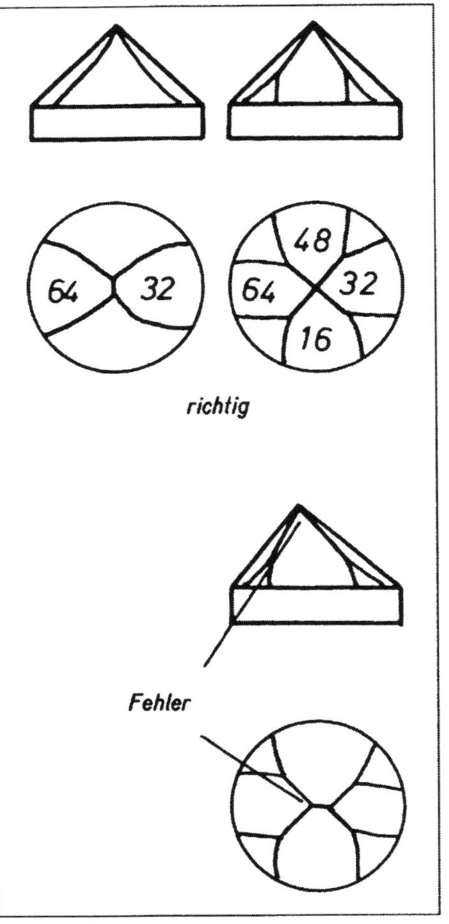

Abb. 25: Die ersten vier Facetten beim Brillantschliff

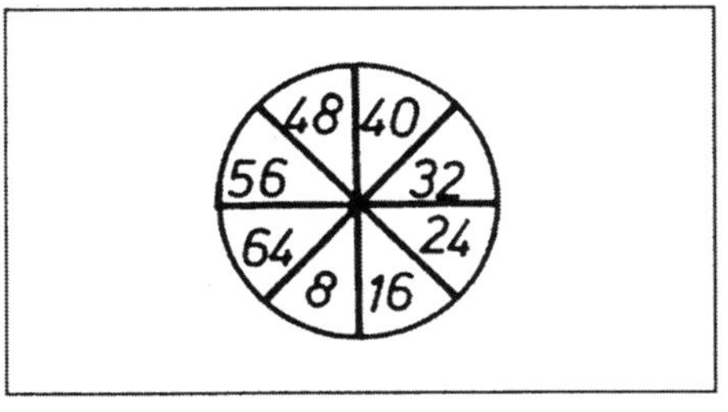

Abb. 26: Der Achtkant ist fertig

vergrößern nun den Höhenwinkel auf dem Quadranten um ca. 2 Grad, um die Gürtel- oder Rundistfacetten einzuschleifen. Diese sollen beim modernen Brillantschliff von der Rundiste bis zu 3/4 der Höhe der Hauptfacetten (Spitze) gehen und sich untereinander an der Gürtellinie berühren. Wenn das bei den ersten beiden Gürtelfacetten nicht gleicht stimmt, kann durch Heben oder Senken des Schleifkopfes korrigiert werden; beim Senken berühren sich die Facetten an der rundiste schneller, beim Heben wandern sie gegen die Spitze. Auf dem Teilkreis bekommen die 16 Gürtelfacetten die **Nummern ohne** — oder ●, und zwar: 2, 6, 10, 14, 18, 22, 26, 30, 34, 38, 42, 46, 50, 54, 58, 62 (Abb. 27). Alle Facetten sollen wieder gleich groß sein und je 2 sich auch an den oberen Spitzen berühren. — Damit ist die Rückseite des Vollbrillanten fertig geschliffen und kann **sofort poliert** werden, in derselben Reihenfolge und mit den gleichen Höhenwinkeln. Das Polieren ist im 9. Abschnitt beschrieben.

Danach ist die Unterseite des Steines fertig. Zum Schleifen der Oberseite muß der Stein umgekittet werden.

Umkitten: Stein vom ersten Stift durch Erwärmen lösen und in Alkohol (Spiritus) vom Kitt reinigen. Das geschliffene und polierte Unterteil in einen ein wenig kleineren Hohlkegelstift einkitten (s. 6. Abschnitt) und noch in heißem Zustand in der Umkittvorrichtung an der Stirnfläche des Gegenstiftes ausrichten und festgespannt erkalten lassen (Abb. 28). Überflüssiges Wachs vorsichtig abschaben und mit Alkohol abwischen.

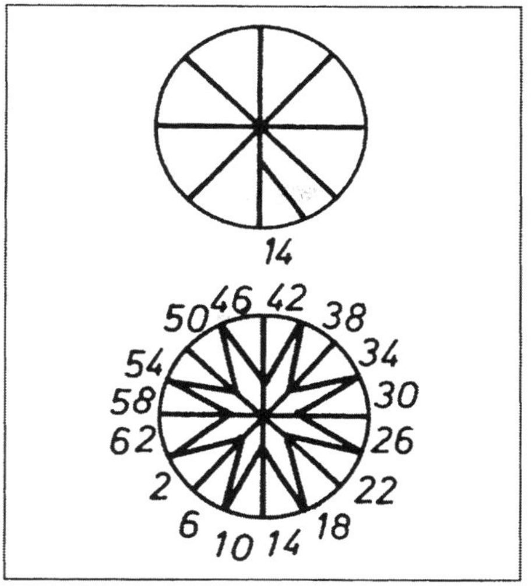

Abb. 27: Die Unterseite des Brillantschliffs ist fertig

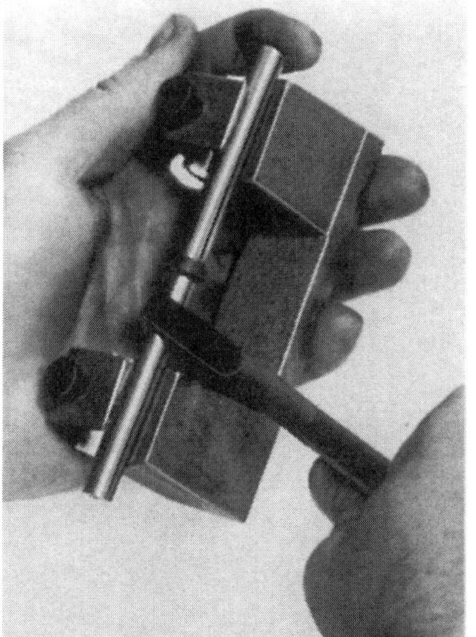

Abb. 28: Umkitten des Steins

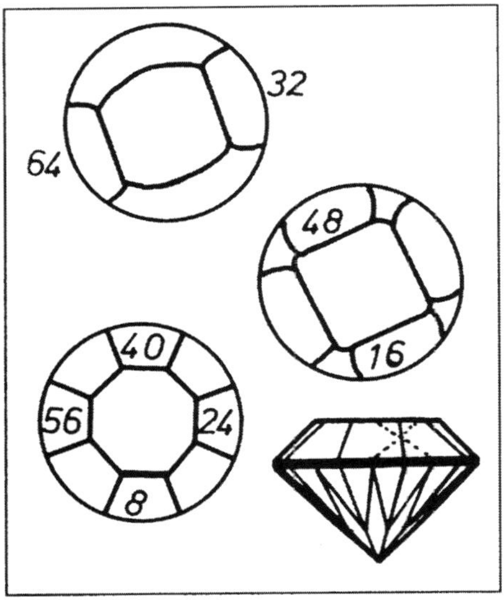

Abb. 29: So entstehen die Hauptfacetten des Oberteils

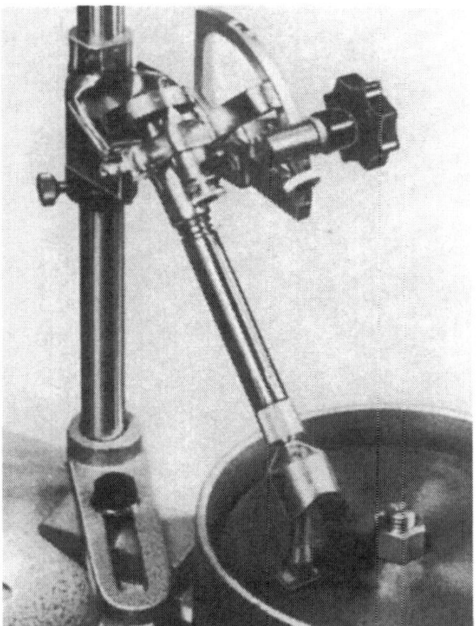

Abb. 30: Das Schleifen der Tafel mit dem 45°-Adapter

Das **Oberteil** des Steins (die Krone) bekommt wieder 8 Hauptfacetten, Höhenwinkel nach Tabelle 1, für den ersten Stein 45° (wenn zu wenig Material für das Oberteil geblieben ist 40°) (Abb. 29). Die Teilkreisnummern wären dieselben wie im Unterteil, sie sollen aber an der Rondiste genau zu den Hauptfacetten des Unterteils passen. Da der Stein aber beim Umkitten meist verdreht wird, müssen wir probeweise zwei nebeneinanderliegende Facetten **anschleifen**, die Lage der Kante zu der des Unterteils kontrollieren, und wenn diese nicht zusammenpassen, die Feineinstellung des Teilkreises und wenn das nicht genügt, den Teilkreis selbst sinngemäß verstellen. (Für Ihren ersten Stein brauchen Sie dies aber noch nicht zu berücksichtigen, er wird auch schön aussehen, wenn die Facetten nicht ganz genau passen). Wenn die Teilkreisnummer für **eine** Facette verstellt wurde, müssen aber **alle** anderen Facetten, auch die Stern- und Gürtelfacetten sinngemäß verstellt werden.

Als nächstes schleifen wir die **Tafel**, wenn diese nicht schon vorher (vor dem Aufkitten, besonders bei sehr großen Steinen von Hand) geschliffen wurde. Wenn wir aber das Material bei kleinen und mittelgroßen Steinen besonders gut ausnützen wollen, empfiehlt es sich, erst jetzt die Tafel auf den richtigen Durchmesser (ca. 50-60% des Rundistendurchmessers) (Abb. 17) zu schleifen. Für diese Arbeit wird die 45° Winkelvorrichtung benötigt und der Schleifkopf auf 45° gestellt, so daß sich zusammen 0° ergeben (Winkel gegen die Rundistebene).

Kleine Steine machen hier wenig Probleme, wenn die Tafelfläche gut ausgerichtet wird: Probeschliff — wenn dieser schief wird, an Kreisfeinsteller oder Höhenwinkel (Heben oder Senken des Kopfes) nachstellen je nach Lage des Probeschliffes. Bei sehr großen Steinen (100 Karat) wird das Schleifen der Tafel zunehmend schwerer durch „Rattern" auf der Scheibe, feine Risse und Kratzer, bis der Maschinenschliff ganz unmöglich wird. Dann hilft nur noch das Schleifen von Hand als erstes vor dem Aufkitten der Tafel auf einer völlig geraden Eisenplatte mit Schleifkorn fortschreitender Feinheit (60–120–220–400–800) naß und mit hohem Schleifdruck bei kreisenden Bewegungen, solange, bis auch die feinsten Kratzer ausgeschliffen sind. Das dauert weniger lange, als man glauben möchte (Abb. 31).

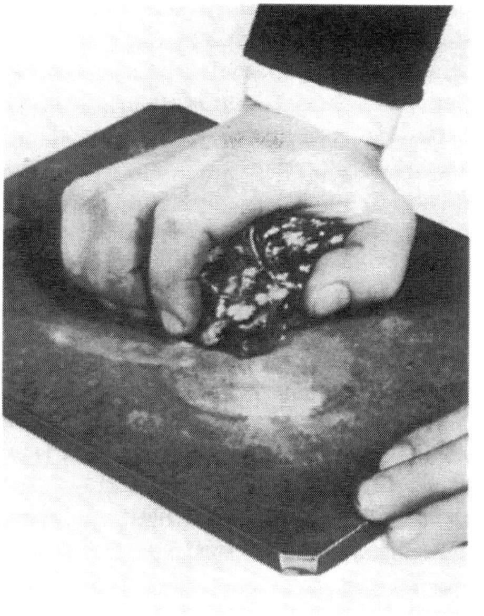

Abb. 31: Das Schleifen einer großen Tafel oder Fläche

Nun schleifen wir die 8 Tafel- oder Sternfacetten mit den Zwischennummern der Teilscheibe, die mit ● bezeichnet sind, und zwar: 4, 12, 20, 28, 36, 44, 52, 60 (Abb. 32). Der Höhenwinkel wird hier um 15° verkleinert (gegenüber den Hauptfacetten) so, daß die Sterne von oben gesehen zwei gegeneinander um 45° verschobene Quadrate bilden. Die Ecken sollen sich genau berühren und nicht überlappen — **Vorsicht!** — diese kleinen Facetten sind schnell zu groß geschliffen und man muß dann alles wieder neu überschleifen. Manchmal kann man hier noch durch neuerliches Überschleifen der Tafel etwas retten, nicht so aber bei den Gürtel- oder Rondistfacetten, die jetzt folgen und die meist noch schneller zu groß werden. Diese fallen wieder wie auf der Unterseite auf die 16 unbezeichneten Nummern der Teilscheibe (Vorsicht wenn Teilkreis verstellt wurde)

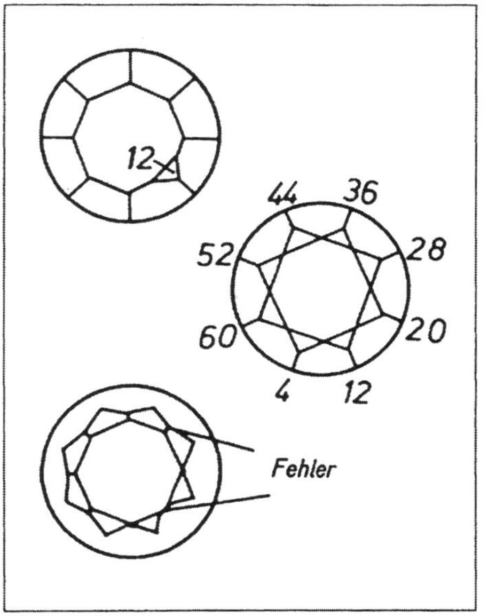

Abb. 32: So entstehen die Sternfacetten

mit einem Höhenwinkel von etwa 3–6° **größer** als die Hauptfacetten, so, daß ihre Spitzen genau die Sterne und an der Rundiste sich gegenseitig berühren (Abb. 33). Hier kann man mit der kunstharzgebundenen Diamantscheibe „auf Anschlag" schleifen, wenn man die Feineinstellung des Höhenwinkels so einrichtet, daß der gewünschte Winkel gerade erreicht wird und nur **wenig** und **sehr gleichmäßig** drückt oder den Schleifarm beschwert, so daß der Schleifdruck bei allen Facetten ganz gleich wird. Vorsicht bei Steinen, die in verschiedenen Richtungen andere Härte besitzen (Korund, Zirkon) — hier bringt das Anschlagschleifen **keine** gleichmäßigen Facetten.

Der vorher beschriebene Einfachschliff hat auch im Oberteil nur 8 Facetten. Stern- und Gürtelfacetten bleiben also weg. Bei sehr großen oder kostbaren Steinen können wir die Facettenzahl vermehren durch Teilen der Hauptfacetten in vertikaler oder horizontaler Richtung, durch 8 zusätzliche Facetten an der Rundiste nach den ● Markierungen des Teilkreises bis zur Sternfacette reichend (Highlight-Schliff) oder mit horizontaler oder vertikaler Verdoppelung der Facetten (Double Diamond Cut) (Abb. 34). Bei sehr großen Steinen sind dabei viele kleine Facetten ebenso schnell oder schneller geschliffen als wenige große und die Brillanz der Steine nimmt dabei gewaltig zu.

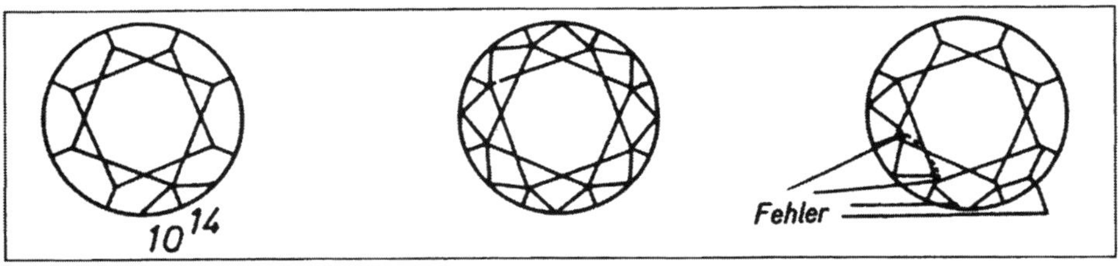

Abb. 33: Die Gürtelfacetten des Oberteils

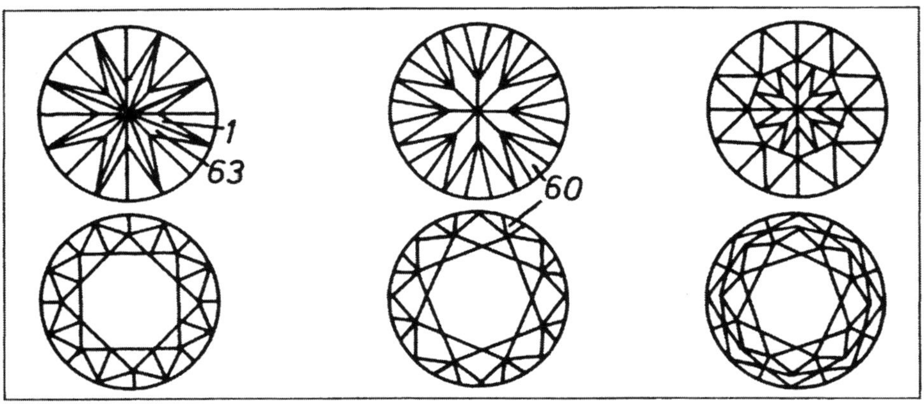

Abb. 34: Brillantschliff mit vertikaler Teilung der Hauptfacetten — Highlightschliff, 73 Facetten — Doppelbrillant horizontal geteilt, 105 Facetten

Brillantschliff mit Modell B: Wir beginnen wieder mit dem Unterteil und schleifen hier die 8 „Hauptfacetten" durch Einrasten der 16-Loch-Scheibe in die 8 numerierten Löcher in der Reihenfolge der Nummern 1-8. Erst entsteht ein Dach, dessen Flächen gleich groß und lang sein sollen, dann eine 4eckige Pyramide, dann kommen nochmals 4 Facetten dazwischen und wir kommen zum regelmäßigen Achtkant oder Einfachschliff (Abb. 25-26). Für die Gürtelfacetten stellen wir den Winkelzeiger nun um ca. $1^1/_2°$ höher ein, stellen den Facettenzeiger auf „G". (Dieser kann durch Lösen der Schraube M 6 verstellt werden) und schleifen so in jedem Loch der Teilscheibe eine Facette, also 16 Gürtelfacetten.

Nach dem Umkitten (s. unter Modell „A") setzen wir den Schleifstift so in die Aufnahmenbohrung des Facettenkopfes ein, daß eine Hauptfacette des Unterteils parallel zur Schleifebene zu liegen kommt, was wir durch drehen des Stiftes in der Bohrung vor dem Festpannen erreichen können. So können wir erreichen, daß später die Facetten von Ober- und Unterteil genau übereinanderliegen (Abb. 29). Der Facettenzeiger steht wieder auf „H". Der Winkel wird nach Tabelle gewählt, für unser Beispiel etwa 45°.

Zum Schleifen der **Tafel** stellen wir den Winkelzeiger auf 0°. Einen 45° Adapter wie bei Kopf „A" brauchen wir hier nicht.

Die **Sternfacetten** werden mit 15° kleinerem Winkel, Facettenzeiger auf „S" und **nur mit den numerierten Löchern** eingeschliffen (Abb. 32).

Die 16 Gürtelfacetten mit 5–6° erhöhtem Winkel, Facettenzeiger auf „G" und **in allen Löchern** der Teilscheibe, so daß ihre oberen Spitzen jeweils die Sternfacetten, an der Rondiste sie sich aber gegenseitig berühren (Abb. 33).

Treppen- und Smaragdschliff (Abb. 35)

Modell A:

Das **Unterteil** bekommt 3–4 Facettenreihen, die treppenartig mit parallelen Kanten aneinanderliegen. Der Höhenwinkel der Facetten an der Spitze (Apex) wird nach Tabelle ausgewählt, jede weitere Facettenreihe erhält einen um 5 oder 10° höheren Winkel. Die vier Hauptseiten erhalten die Teilkreisnummern 64, 32, 16, 48. Wenn der (ungefähr) rechteckige Stein nicht so aufgekittet ist, daß die angegebenen Nummern passen, wird der Teilapparat sinngemäß eingestellt und diese Einstellung einschließlich der etwa verstellten Feineinstellung notiert, ebenso die Höhenwinkel, damit sie beim Polieren wieder aufgefunden werden können. Damit wäre der Treppenschliff schon fertig, beim Smaragdschliff werden je Stufe noch 4 kleinere Eckfacetten mit den Nummern 8, 24, 40, 56 angeschliffen. Beim Umkitten wird das Unterteil in eine V-förmige Doppe passender Größe gekittet.

Das **Oberteil** erhält eine Tafel in der Breite der halben Steinbreite und zwei bis drei Facettenreihen, davon die mittlere (gürtelnahe) einen Höhenwinkel nach Tabelle, die anderen mit 5–10° Unterschied. Sehr große Steine erhalten 4–6 Facettenreihen. Hier gilt das gleiche wie beim Brillantschliff. Der Treppenschliff sieht zunächst einfacher aus und bei sehr kleinen Steinen ist er es auch, die Facetten müssen aber viel genauer passen, die Kanten parallel laufen, was oftmals eine Korrektur am Kreisfeinsteller erforderlich macht. Die Facetten sind viel größer als beim Brillantschliff und zu Beginn des Schleifens muß viel mehr Material abgetragen werden, was gröbere Scheiben und längere Schleifzeiten benötigt. Für erste Schleifversuche ist daher der Brillantschliff besser geeignet.

Modell B:

Alle Facetten werden hier in Zeigerstellung „H" geschliffen, es kann hier der Zeiger aber auch dazu benutzt werden, die seitliche Lage des Steines, bzw. seiner Facettenkanten zu korrigieren, wenn diese nicht genau parallel werden wollen. Die Winkelmaße müssen von einer Facettenreihe zur anderen verstellt, bzw. auch beim Übergang von den langen zu den kurzen Facetten durch Nachstellen der Höhe auf dem gleichen Wert gehalten werden (s. unter Modell A und Abb. 21). Bei quadratischen oder kurzen gedrungenen Steinen ist letzteres nicht notwendig. Beispiel für 3 Facettenreihen: Höhenwinkel 40°, 50°, 60°.

Nun kann man auch den Brillantschliff oval oder sogar eckig und den Treppenschliff oval oder rund machen, ebenso Schiff-Herz-Tropfen oder ganz unregelmäßige Formen schleifen (Abb. 12). Mit der Teilscheibe der Normalausführung des Modells A lassen sich alle durch 2, 4, 8, 16, 32 und 64 teilbaren Schliffe schalten, eine zusätzliche Teilscheibe mit 60 Teilen gestattet die Herstellung von 2, 3, 4, 5, 6, 10, 12, 15, 20, 30 und 60teiligen Formen. Ovale und

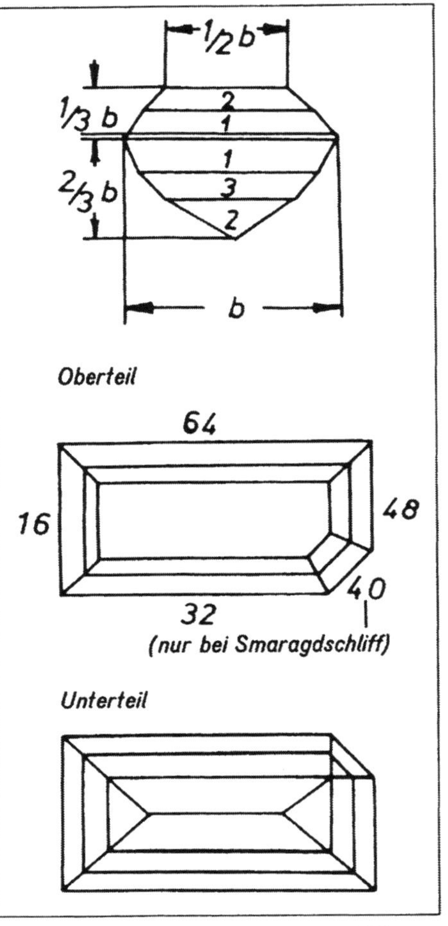

Abb. 35: Treppen- und Smaragdschliff

sonstige Schliffe müssen aber oft mit dem Kreisfeinsteller eingestellt und notiert werden, wobei bei liniensymmetrischen Schliffen die gegenüberliegende Facette immer mit der gleichen Einstellung geschliffen werden kann. Bei Modell B wird sinngemäß der Zeiger verstellt. Bei guter Übung lassen sich hier sogar Vorteile gegenüber Modell A finden. —

9 Das Polieren der Facettensteine

Dieses geschieht in derselben Weise und Reihenfolge wie das Schleifen, nur mit anderen Scheiben und Polierpulver. Der Druck des Steines auf die Scheibe ist hier größer, Wasser nur tropfenweise, daß die Scheibe gerade feucht bleibt. Bei Steinen der Quarz- und Beryllgruppe benützen wir eine Scheibe aus Plexiglas und als Poliermittel Ceroxydpulver, welches mit Wasser angerührt, ein paar Tropfen Spülmittel zugesetzt, in eine Tropf- oder Spritzflasche kommt, damit es bequem und **sparsam** verwendet werden kann. Die Drehzahl darf hier nur 500 U/min betragen, sonst wird die Scheibe weich. Bei fast allen anderen Arten der Edelsteine und Mineralien, außer Härte 9, verwenden wir eine Zinn-Bleischeibe mit radial eingeritzten Rillen und Aluminiumoxydpulver, Zubereitung wie oben, Drehzahl 1000-2000 U/min (Abb. 36). Mit den neuen Polierriegeln geht es noch einfacher: Ein kleines Heringsglas mit wenig Wasser füllen (1 cm), Riegel eintauchen und an die laufende Scheibe halten. (Wasserzufuhr ist dann unnötig.) Bei sehr langsam polierenden Steinarten Aloxydriegel im Wasser etwas aufweichen lassen.

Bei sehr harten Steinen, Korund und auch Chrysoberyll, poliert man mit Diamantpulver 0-2 μm in Öl angerührt, und in winzigen Mengen mit der Fingerspitze auf eine Kupfer oder Zinnscheibe aufgetragen, Drehzahl 2000.

Dieses Polieren ist die große Kunst des Edelsteinschleifens und selbst alte Hasen werden immer wieder überrascht von der Tatsache, daß sie hiervon noch nicht alles wissen. Hier zeigt mancher (größere) Stein seine Individualität, ja sein Eigenleben und bringt den Schleifer damit fast zur Verzweiflung oder läßt den dem okkulten Zugetanen seine geheimen Kräfte recht deutlich werden. So sind obige Poliervorschriften nur Anhaltspunkte und mancher Stein benötigt eine andere Scheibe oder ein anderes Polierpulver als angegeben oder sogar eine Mischung von verschiedenen Pulvern, so daß einer etwaigen Experimentierleidenschaft hier keine Grenzen gesetzt sind. Jeder kann hier noch ein „Wunderpulver" dazuerfinden, ebenso wie es sich lohnt, Scheiben aus den verschiedensten Stoffen oder Legierungen auszuprobieren. Es kommt schon vor, daß ein Stein erst „nachgibt", wenn wirklich alles durchprobiert ist: Druck — weniger Druck — mehr Wasser — weniger Wasser — mehr Pulver — weniger Pulver — mehr Spülmittel oder Seife — höhere oder niedrigere Drehzahl — tiefere Rillen — Verdrehen der Polierrichtung am Stein durch Schwenken des Armes (Abb. 37). — Daß der Stein garnicht poliert, kommt kaum vor, es können aber durch umherirrende Schleifkörner plötzlich neue Kratzer auftreten oder der Stein kann sich durch sein eigenes, von ihm abgetragenes

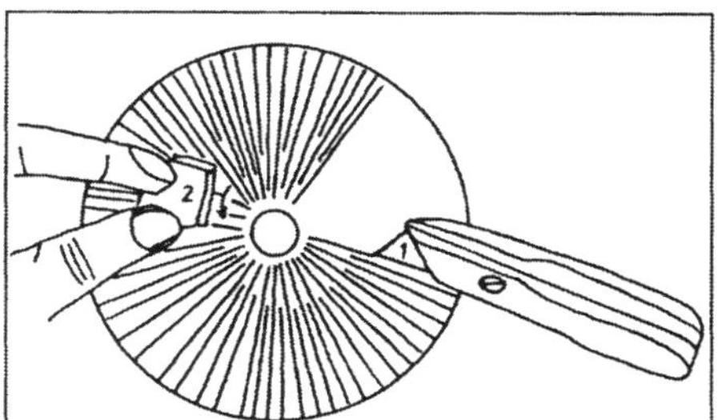

Abb. 36: Vorbereitung der Zinnpolierscheibe

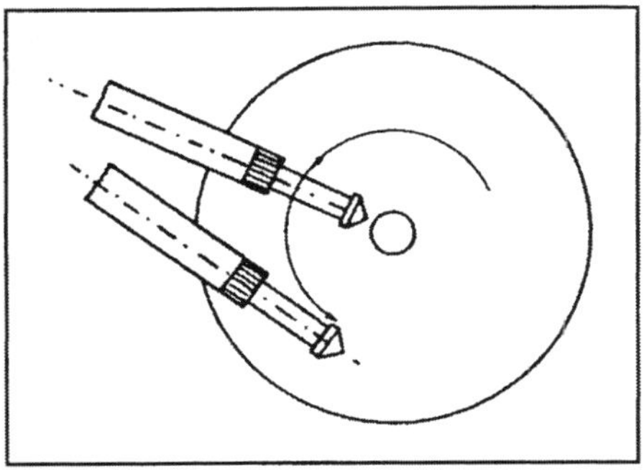

Abb. 37: Ändern der Schleifrichtung

Material selbst zerkratzen, ebenso können in der Politur Wellen, Rattermarken oder Maserungen entstehen. Abhilfe bei Kratzern: Reinigung der Scheibe und des ganzen Apparates, der Hände, Fingernägel und des Arbeitsmantels — eventuell andere Scheibe nehmen. — Abhilfe bei Wellen: andere Scheibenart, anderes Poliermittel, andere Polierrichtung, Scheibe neu rillen.

Sehr weiche Steinarten oder solche, die nach obigen Methoden immer wieder kratzen, poliert man auf einer Buchenholzscheibe mit Linde A. (Linde A und Meller 0,3 sind amerikanische Polierpulver aus Aluminiumoxyd höchster Reinheit und 0,3 μm Korngröße. Normales Aloxydpulver hat 1 μm Korngröße) — in noch schwierigeren Fällen auf einer sogenannten „Wachsscheibe": Auf einer Aluminiumscheibe als Auflage wird Bienenwachs erhitzt (nicht verbrennen) und dann eine glattgebügelte runde Stoffscheibe, vorzugsweise Inlettstoff oder ähnliches dichtes Gewebe, darauf gelegt (Luftblasen herausdrücken!).

Sobald die Stoffscheibe nun auch erwärmt ist, von oben noch sehr kleine Mengen Bienenwachs auftragen, bis die Oberseite mit einer gleichmäßigen Schicht geschmolzenen Wachses bedeckt ist, gerade genug, um vom Stoff aufgesogen zu werden, nicht um darüber zu stehen. Lieber weniger als zu viel auftragen! Nun auskühlen lassen, das Mittelloch ausschneiden, Scheibe in die Facettenschleifeinrichtung einsetzen, laufen lassen und mit einem ganz flachen Stein das überflüssige Wachs abreiben. Nun etwas Feuerzeugbenzin aufträufeln und wieder reiben, bis das Wachs zäh klebrig wird. Das Benzin macht das Wachs weicher und bewirkt sein gleichmäßiges Verschmieren über die Scheibenoberfläche. Gebrauchsfertig wird diese Scheibe durch Auftragen von Linde A und Einreiben dieses Pulvers mit dem Stein. Es kann trocken oder angefeuchtet eingerieben werden. Angefeuchtet ist aber vorzuziehen, damit das Wachs nicht später auf dem zu schleifenden Stein haften bleibt. Eine abgenützte Wachsscheibe kann durch Benzin und Wachsstücke wieder aufgefrischt werden (mit einer kleinen Lötlampe oder Rotlichtlampe aufschmelzen) (nach J. Sinkankas). — Besonders schwierig zu polieren ist die Tafel bei größeren Steinen, und deshalb sollte man sie dann polieren, wenn es gerade am besten geht, entweder nach den Haupt-, Stern- oder Rondistfacetten, oder auch am Schluß. Als größte Facette dauert sie natürlich am längsten, bei sehr großen Steinen (200 Karat) bis zu 2 Stunden und wenn man ungeduldig wird, kommt der erste Kratzer bevor die letzte Schleifriefe verschwunden ist und man kann von vorne anfangen. Bei unserem kleinen Versuchsstein aber wird die Tafel schon in ein paar Minuten poliert sein.

10 Steinarten

Diese kurze Besprechung der wichtigsten Edelsteinarten und Mineralien, die geschliffen werden sollen, kann kein edelsteinkundliches Werk ersetzen. Am Schluß des Buches ist Schrifttum zur Weiterbildung für Interessierte angegeben, hier werden nur einige Vorkommen erwählt, um zu zeigen, wie viele Steinarten auch bei uns noch gefunden werden können. Sonst wird nur die schleif- und poliertechnische Eigenart behandelt. Daß der Schleifer durch die Bearbeitung des Steines zusätzliche Erfahrungen über seine Identität sammeln kann sei hier nur vermerkt, er wird dessen bald selbst bewußt werden. Während der Käufer eines fertigen Edelsteins auf das Vertrauen zu seinem Juwelier oder Steinhändler angewiesen ist, kann der, der seine Steine selber schleift, über ihre wirkliche Mineralart oder Echtheit viel sicherer sein.

Vorsicht beim Kauf von Rohsteinen! Dunkle Steine werden beim Facettenschleifen immer noch etwas dunkler (durch doppelten Lichtweg im Stein), das gilt besonders für Turmaline, Granate und Epidote. Wenn diese in der Draufsicht schon schwarz erscheinen, werden sie auch in geschliffenem Zustand schwarz wirken und kein Feuer besitzen. Ein dunkler Stein muß mindestens dann noch durchscheinen, wenn er gegen ein weißes Papier gehalten wird, muß dann aber schon so flach wie nur möglich geschliffen werden. Helle Steine werden beim Schleifen heller, so daß man fast allgemein sagen kann, daß die Farbe durch das Schleifen immer ein wenig schlechter wird.

Auch auf den ersten Blick vollkommen reine Steine werden manchmal bei genauer Betrachtung Unreinheiten oder Sprünge usw. zeigen, die sich dann immer vergrößern, so daß eine genaue Untersuchung bei bestem Licht wichtig ist, um Enttäuschungen zu vermeiden.

Jeder Reinheits- und Farbfehler wird beim geschliffenen Stein mehr stören als beim Rohstein, das ist das besondere Risiko des Schleifers. Für die besten Farben und reinsten Steine sind deshalb auch die Preise besonders hoch und niemand kann für wenig Geld einen perfekten Stein erwarten. Spitzenfarben verlangen Spitzenpreise und sind kaum zu bekommen. Bleiben wir also bei den mittleren Qualitäten, dann erhalten wir uns die Freude an diesem schönen Hobby. Die Preise für Rohsteine liegen dann etwa zwischen 5 Pfennig und 50 DM für das Gramm, so daß jeder das Passende finden kann.

Zeichenerklärung für die Beschreibung der Steinarten:

G	=	Spez. Gewicht
H	=	Härte nach Mohs
RI	=	Brechungsindex
DI	=	Dispersion, Farbenstreuung
PA	=	poliert mit Aluminiumoxyd auf Zinnbleischeibe, Cabochons auf Leder
PC	=	poliert mit Ceroxyd auf Plexiglasscheibe, Cabochons auf Filz
V	=	Vorkommen

Aktionlith, Strahlstein (Amphibol): G = 3–3,2; H = 5–6; RI = 1,61–1,64; PA; V = Zillertal (Greiner), Campolongo, Laachersee, Vesuv, Ehningen (Württ.), Tessin. Leicht graugrün, Enden gelblich, gut durchsichtig. Vier Spaltebenen, spaltet sehr schnell — große Vorsicht beim Sägen — Kristalle können mit den Fingern durchgebrochen werden. Nicht besonders hitzeempfindlich. Vorsichtig vorschleifen, immer mit dem wuchs, **nicht** quer über die Kristallenden. Facetten schleifen mit 15-20 μm Diamantkorn, schnell über die Seiten, langsam über die Enden. Bestes Facettenmaterial nur von Madagaskar.

Amblygonit: G = 3,11; H = 5,5–6; RI = 1,61 –1,64; PA, PC; V = Brasillien, Burma. Strohgelb, bis 20 Kt., selt. Material. Sägt und schleift leicht, aber gibt rauhe Oberfläche, etwas Neigung zu Sprüngen. Kitten mit Schellack, schleifen nur mit 15–20 μm. Poliert schnell aber Furchen oder Rillen treten leicht auf — Facettenarm schwenken, so, daß die Polierrichtung wechselt.

Analcim: G = 2,3; H = 5–5,5; RI = 1,49; PA, PC; V = Harz, Böhmen, Italien, selten in klaren farblosen Kristallen, kaum über 3 mm. Brüchig, nicht besonders hitzeempfindlich, schleifen und polieren normal. —

Anatas: G = 3,8–3,9; H = 5–5,6; RI = 2,49 –2,55; V = Alp Lercheltiny (Oberwallis), Gotthard, Fichtelgebirge, Brasilien. — Rar und selten durchsichtig. Wegen hohem Brechungsindex früher mit Diamant verwechselt.

Andalusit: G = 3,2; H = 7,5; RI = 1,63–1,65; DI = 0,016; PA; V = Tirol, Steiermark, Fichtelgebirge, Brasilien, Ceylon, Madagaskar. — Kommt in zwei Formen vor, durchsichtig und durchscheinend mit kreuzartigen schwarzen Einschlüssen (Chiastolith), welche manchmal herrliche Steine geben. Ein richtig orientierter Facettenstein zeigt rote Reflexe in grüner Grundfarbe (viele Steine sind allerdings nur rosa mit geringem Konstrast, Spaltebenen sind vorhanden aber ohne Ärger — zäh — nicht hitzeempfindlich. Im Rohstein Richtung der **roten** Farbe feststellen, Tafel parallel, nicht senkrecht dazu schleifen, sonst wird der ganze Stein rot — günstig für Treppenschliffe!

Chiastolith „unterschleift", Cabochons gut sanden, auf Leder mit Aloxyd polieren.

Anglesit: G = 6,38; H = 2,5–3; RI = 1,88–1,89; V = Badenweiler, Siegerland, Schapbach (Schwarzwald), Kärnten, Sardinien, Spanien, Tunis. — Fertige Steine sehr atraktiv wegen hohem Brechunsindex, aber wegen seiner Weichheit und Brüchigkeit ist es ein „Prüfstein" für den geübten Schleifer. Nur kalt kitten (Juwelierzement), schleift leicht und glatt, schnell auf 15–20 μm Diamantkorn. Poliert mit Linde A auf Wachsscheibe.

Anhydrit: G = 2,9–2,98; H = 3–4; RI = 1,57–1,6; V = Berchtesgaden, Staßfurt, Aussee, Hallein, Bad Hall (Tirol), Lüneburg, Harz, Hannover, Vesuv (Santorin) Simplon. — meist farblos aber auch purpur, durchsichtig bis durchscheinend. Drei Richtungen leichter Spaltbarkeit, alle im rechten Winkel zueinander. Sehr hitzeempfindlich! Nicht sägen! (nur feine Juwelierhandsäge mit etwas Öl). Nicht auf einer Schleifscheibe vorschleifen! Scharfe Kanten vermeiden. Poliert auf Wachsscheibe mit Linde A. Ein in jeder Hinsicht schwieriger Stein!

Anthrazit, Kohle: G = 1,15–1,5; H = 2–2,5; V = Ruhr, Saar, usw. — Sehr brüchig, sonst wie Gagat (Jet zu behandeln.

Apatit: Spargelstein, Moroxit: G = 3,17–3,23; H = 5; RI = 1,63–1,64; DI = 0,013; PA; V = Odenwald, Erzgebirge, Gotthard, Zillertal (Greiner), Sulzbachtal (Salzbg.), Spanien, Schweden, Sachsen, Westböhmen, Norwegen, Burma, Mexiko, Madagaskar. — Durchsichtig bis durchscheinend, extrem brüchig und schwach, hitzeempfindlich (Schellack). Vorsichtig sägen und vorschleifen (220, besser 400 Korn) Facetten schleifen mit 15–20 μm Diamantkorn. Alle Facetten PA vorpolieren, auf Wachsscheibe mit Linde A, Ceroxyd oder Zinnoxyd nachpolieren.

Apophyllit: G = 2,3–2,4; H = 4,5–5; RI = 1,53–1,54; PA; V = Harz, Kaiserstuhl, Siebengebirge, Böhmen, Andreasberg, Seiseralp, Schweden, Island, Mexiko, Amerika, Indien. — Kristalle mit Perlenglanz, meist weiß oder farblos. Brüchig! Spaltfläche. Nur mit 220 oder 400 Korn schleifen. Cabochons polieren PA oder PC.

Aragonit (auch Sprudelstein und Eisenblüte): G = 2,9–2,95; H = 3,5–4; RI = 1,53–1,68; V = Hüttenberg (Kärnten), Girgenti (Sizilien),

Karlsbad, Eisenerz. — selten durchsichtig, brüchig, etwas hitzeempfindlich. Vor- und Feinschleifen der Facettensteine auf 15–20 μm Diamantscheibe. Poliert mit Aloxyd oder Zinnoxyd auf Wachs oder Holz. Cabochons PA oder PC. Schönes klares Material von Herrengrund und Horschenz bei Bilin.

Augelith: G = 2,5–2,7; H = 4,5–5; RI = 1,57–1,59; V = New Hampshire, Californien. Eine Spaltebene, sehr brüchig, nicht hitzeempfindlich, poliert auf Wachs mit Linde A.

Axinit: G = 3,3; H = 6–7,5; RI = 1,68–1,69; PA, PC; V = Taunus (Falkenstein), Harz (Treseburg), Schweiz (Skopi), Alpen außer Tirol, Dauphineé, Spanien, USA. — vorherrschend grau-braun, stark dichroitisch, mehr oder weniger durchsichtig. Eine bestimmte Spaltrichtung, aber nicht gefährlich, brüchig, nicht hitzeempfindilch. Keine Schwierigkeiten beim Schleifen, aber verschiedene Härte in verschiedenen Richtungen. Beim Polieren Schleifrichtung wechseln, wenn Kratzer auftauchen.

Azurit: G = 3,8–3,9; H = 3,5–4; RI = 1,73 –1,83; V = Lyon, Banat, Arizona, Südwestafrika. — Intensiv blau, meist undurchsichtig, einige Kristalle durchsichtig. Weniger kompakt und hart als Malachit, mit dem es oft zusammen vorkommt. Einzelkristalle sehr hitzeempfindlich. Schleift äußerst schnell, nur feine Scheiben und Schleifbänder verwenden. Poliert PA, nachpolieren mit einem feuchten, sauberen Leder, das in eine ganz dünne Aufschlämmung von Chromoxyd getaucht wird (von Hand). Facettensteine polieren mit Linde A auf Wachscheibe, schneller mit 2-3 Tropfen Salzsaure auf einen Eßlöffel Wasser — Linde A Mischung.

Baryt, Schwerspat: G = 4,3–4,6; H = 2,5–3,5; RI = 1,64–1,65; V = Odenwald, Spessart, Harz (Clausthal), Bleiberg (Siegen), Münstertal (Schwarzw.), Butzbach (Gießen), Thüringen, Frankreich, England. — Farblos, leicht blau, braun, mehrere Zentimeter lang in Facettenqualität. Sehr hitzeempfindlich! Alles sehr vorsichtig machen, sägen vermeiden! Poliert auf Wachs mit Linde A. —

Bauxit: wird manchmal poliert um die innere Struktur zu zeigen. Wegen großer Härteunterschiede ist es unmöglich eine gleichmäßige Oberfläche zu erhalten, jedoch feinschleifen mit 1200 Korn nachfolgend auf Buche mit Aloxyd poliert, hilft viel.

Bayldonit: G = 4,35; H = 4,5; RI = 1,95– 1,99; PA; V = Südwestafrika.

Dieses seltene, glänzend gelbgrüne Mineral in massiver Form poliert sehr gut und gibt einen besonderen halbmetallischen Glanz.

Benitoit: G = 3,65–3,69; H = 6,2–6,5; RI = 1,76–1,8; DI = 0,044 PA, PC; V = nur in der San-Benito-Mine, Kalifornien. — Facettenmaterial nur von kleinen Kristallen, selten bis 25 mm. Normalerweise dunkelblau aber auch farblos. Beste Farbe durch Orientierung der Tafel im rechten Winkel zu scharfen Kristallecken. Nicht hitzeempfindlich. PA poliert so schnell, daß Vorsicht geboten ist gegen das Auftreten von Polierfurchen oder verzogene Kanten. Sehr kleine Facetten können ohne vorheriges Schleifen „einpoliert" werden.

Bernstein: G = 1,05–1,1; H = 2–3; RI = 1,54; V = Samland, Galizien, Sizilien, Rumänien, Burma, Mexiko, USA, Canada. — Erweicht bei 150°, schmilzt bei 250–300°, brennbar, löslich in Alkohol und organ. Lösungsmitteln, bearbeitbar mit Messer, Säge und Feile, Sandpapier naß. Poliert schnell mit Tuch, Filz- oder Lederscheibe mit Tripel oder Zinnoxydpulver. Facetten mit Linde A auf Pellon.

Beryll, Smaragd, Aquamarin, Morganit, Goldberyll: G = 2,63–2,8; H = 7,5–8; RI = 1,56–1,60; DI = 0,014; PA, PC; V = Habachtal, Mähren, Rabenstein (Bodenmais), Elba, Limoges, Kolumbien, Ural, Transvaal, USA, Schweden, Rhodesien, Brasilien, Cornwall. — Leicht zu schleifen, zäh und recht hitzebeständig. Poliert auf Zinn mit Zinnoxyd, was für Smaragd besonders günstig ist, da das Pulver mit Salpetersäure aus den meist vorhandenen Spalten herausgelöst werden kann. Cabochons PA.

Beryllonit: G = 2,81–2,85; H = 5,5–6; RI = 1,55–1,56; DI = 0,01; PC; V = USA – Farblos, fehlerlos durchsichtig, manchmal haarähnliche Einschlüsse. Spaltebenen störend, müssen vermieden werden. Brüchig und etwas hitzeempfindlich, schleift etwas schwierig, überschleift leicht, da verschiedene Richtungen ganz verschieden schnell schleifen (nicht auf Anschlag schleifen!). Alle Sprünge beim Vorschleifen elliminieren, sonst werden sie größer.

Boracit: G = 2,91–2,97; H = 7–7,5; RI = 1,66; PA; V = Staßfurt und alle übrigen Salzvorkommen, Hannover (Kalkberg), Schildstein, Enne und Hohenfels. — Selten als Edelstein bezeichnet, obwohl es doch alle wichtigen Eigenschaften dafür hat. In Deutschland sehr häufig, meist fahlgrün. Besonderer Kreuzschraffureffekt feststellbar wegen verschiedener optischer Eigenheit. Ein fertiger Stein zeigt oft einen seltsam weichen, oder „schläfrigen" Glanz. Keine Spalflächen aber beim Schleifen treten Löcher auf, sofort Schleifrichtung wechseln. Rohmaterial in schönen, würfelförmigen Kristallen.

Bornit, Buntkupferkies: G = 5,06–5,3; H = 3; V = Lüneburg, Siegerland, Sachsen. — Undurchsichtig, schwierig zu behandeln wegen Brüchigkeit und Neigung zu Löchern. Cabochons auf Leder mit 1200 Korn feinschleifen, dann mit Rouge (Eisenoxyd) auf Stoffscheibe polieren.

Brasilianit: G = 2,98; H = 5,5; RI = 1,6–1,62; PA; V = Brasilien. — Tiefgelb, durchsichtig oft mit feinen Einschlüssen. Brüchig, spaltet oft nach einer Spaltebene, die im Rohstein immer sichtbar ist. Orientieren der Tafel im Winkel von 15° zu dieser Spaltebene, sonst keine Schwierigkeiten, nicht hitzeempfindlich. Schleift langsamer, als die Härte vermuten läßt. Poliert schnell, wenn Furchen auftreten Polierrichtung wechseln.

Brookit, Arkansit: G = 3,9–4,2; H = 5,5–6; RI = 2,58–2,74; V = Tirol, Schweiz, USA. — Verwandt mit Rutil und Anatas, selten groß genug, um geschliffen zu werden. —

Calcit, Kalkspat, Doppelspat, Marmor, Kalkstein: G = 2,6–2,8; H = 3; RI = 1,49–1,66; DI= 0,008–0,017; V = Tirol, Schweiz Bergstrasse, St. Andreasberg, Oberstein, Hüttenberg (Kärnten), Island, Carrara, Paros (auch Tropfsteine). — Durchsichtig bis durchscheinend oder undurchsichtig in großem Farbbereich aber meist gelb oder farblos. Starke Spaltbarkeit in drei Ebenen macht viele Schwierigkeiten. Recht hitzeempfindlich. Zum Schleifen verwende man eine Bleischeibe mit 400 Korn Siliziumkarbidpulver. Polieren auf Holz oder Wachs mit Zinnoxyd oder Aloxyd. Brillantschliff sollte vermieden werden. — Cabochons aus undurchsichtigem Material schleifen leichter, mit Stahlwerkzeugen bearbeitbar, poliert mit Zinnoxyd mit etwas Oxalsäure (Achtung giftig).

Cassiterit, Zinnstein: G = 6,8–7,1; H = 6–7; RI = 1,99–2,1; PA; V = Erzgebirge, Fichtelgebirge, Bolivien, Neuengland, Neusüdwales, Australien, Südwestafrika. — Kommt in zwei interessierenden Formen vor: durchsichtigem Facettenmaterial und undurchsichtig gebänderten Mandeln, auch „Holzzinn" genannt, für Cabochons. Farben von schwarz bis farblos und braun, undurchsichtiges Material, manchmal rot und grün, aber oft in Grautönen. Bemerkenswert zäh, hitzeunempfindlich, Kristalle nur in äußeren Lagen klar, das dunkle Innere macht den Eindruck als wäre der ganze Kristall schwarz und undurchsichtig. Sägt sich schwer, nur neue Sägen greifen, man schneide ein Stück parallel zu einer Kristallfläche um die Klare äußere Zone zu gewinnen. Poliert mit dicker Aloxydmischung, hoher Geschwindigkeit und fast trocken, Cabochons fein sanden, dann PA.

Cerussit, Weißbleierz: G = 6,5–6,6; H = 3–3,5; RI = 1,8–2,08; V = Ems, Siegen, Aachen, (Diepenlinchen), Nassau, Südwestafrika, Arizona. — Nur gelegentlich genügend groß und klar für Facettensteine. Extrem weich, brüchtig und hitzeempfindlich. Fahlgelb, braun, farblos, durchsichtig bis durchscheinend. Höchste Vorsicht bei allen Arbeitsgängen! Poliert mit Zinnoxyd auf Holz oder Wachs, gute Politur kaum erzielbar (von Hand polierbar).

Chrysoberyll: Alexandrit, Cymophan: G = 3,5–3,8; H = 8,5; RI = 1,74–1,77; DI = 0,015; V = Alexandrit im Ural, Ceylon, Südrhodesien, and. Mat. Brasilien. — Transparent als Alexandrit roh kaum erhältlich, teurer als Diamant, Cymophan, Chrysoberyllkatzenauge, honigfarben auch sehr teuer, sehr zäh und unempfindlich. Schliff normal trotz großer Härte, polieren auf Zinn oder Kupfer mit 0-2 μm Diamantstaub, kleine Steine auf Zinn mit Aloxyd. Cabochons mit Diamantpulver auf Holzscheibe, mit 10-15 μm vorpolieren, mit 0-2 μm fertigpolieren. Vorsicht! Wärme beim Polieren löst Kitt.

Cinnabarit, Zinnober: G = 8,09; H = 2–2,5; RI = 2,91–3,26; V = Italien, Spanien, China,

Mexiko. — Große durchsichtige Kristalle aus China. Hitzeempfindlich. Trotz Weichheit hält dieses Mineral vorsichtiges Schleifen und Läppen aus. Verschmiert Diamantscheibe, Bleischeibe mit 400 Korn ist besser. Poliert auf Wachs mit Linde A, jedoch selten perfekt, meist mit niedrigen Furchen. Höchste Lichtbrechung aller bekannten Steine.

Coelestin: G = 3,95–3,97; H = 3–3,5; RI = 1,62–1,63; V = im Muschelkalk von Rüdersdorf, England, Ägypten, Italien, Texas, Colorado, Canada. — Kristalle meist klein, blau farblos, rot, orange. Weich, brüchig und mit verschiedenen Spaltebenen. Sehr hitzeempfindlich. Schleift schnell, poliert mit Linde A auf Wachs. Keine fehlerfreie Politur.

Danburit: G = 3; H = 7–7,5; RI = 1,63–1,64; DI = 0,017; PA; V = Japan, Burma, Madagaskar, Mexiko. — Gut zäh und unempfindlich, leicht zu behandeln. Brillantschliff bevorzugt.

Datolith: G = 2,9–3; H = 5–5,5; RI = 1,62 –1,67; DI = 0,016; PC; V = Harz, Schwarzwald, Tirol, Habachtal und andere alpine Lagen. — Meist blaßgelblichgrün, undurchsichtig weiß, rosa orange und rötlich, oft mit Adern oder Spritzern von gedieg. Kupfer. Kristalle brüchig, massives Material zäh. Hitzeunempfindlich. Wegen Härteunterschied in verschiedenen Schleifrichtungen vorsichtig facettieren! Kanten bröckeln leicht ab. Bei löchriger Oberfläche Schleifrichtung wechseln. Cabochons polieren ohne Schwierigkeit, wenn fein gesandet, PA, PC.

Diamant: G = 3,51—3,53; H = 10; RI = 2,36; DI = 0,044. Edelster Stein nur wegen seiner Härte, da Lichtbrechung und Farbenstreuung von anderen Steinen überboten werden. Gute Smaragde, Rubine, Saphire, Alexandrite, auch Katzenaugen und Sternsteine können teurer sein. Auch der Seltenheitswert ist durch die modernen Fördermethoden viel niedriger als bei oben genannten Steinen, doch wird der Diamantpreis vom Syndikat kontrolliert und bietet so eine sichere Geldanlage auf kleinstem Raum. Rohmaterial ist nun auch für den Amateur erhältlich und in einfacheren Qualitäten recht preisgünstig. Die Freude am Selbstschleifen wird dabei nicht gestört durch kleine Einschlüsse oder Farbe des Diamanten. Er erfreut sich im Gegenteil an recht interessanten Einschlüssen, die **seinem** Stein Unverwechselbarkeit geben und die er auch bei anderen Mineralarten nicht immer ungern sieht.

Das Schleifen von Diamanten ist für den Amateur allerdings noch Pionierland und nur einige wenige beschäftigen sich damit. Dabei geht es aber leichter und bequemer als das Schleifen der anderen Mineralarten, sobald nur die für das Diamantschleifen spezifischen Schwierigkeiten überwunden sind:

1. Als Hauptschwierigkeit die Entwicklung eines Spezialkitts zum Aufkitten der Steine. Dieser muß die hohen Temperaturen und großen Kräfte aushalten, die beim Schleifen entstehen. Diamant will sich aber mit nichts verbinden, außer mit fett, und mit diesem kann man nicht kleben. Die gewerblichen Methoden der Befestigung von Diamanten durch Bleidoppen oder mechanische Zangen scheiden aber für den Amateur aus, da hierbei der Stein nachfast jeder Facette umgespannt bzw. umgelötet werden muß. Dann muß aber auch jede Facette wieder neu eingestellt werden und soll dann auch ihre richtige Lage haben, das beispielweise bei einem Stein von 2 mm Durchmesser und bei 57 Facetten des Standardbrillanten.

2. Das Auffinden der richtigen Schleifrichtung beim Diamanten. Wir haben schon bei einigen Mineralarten gesehen, daß sie in einer Richtung besser, in einer anderen schlechter schleifen. Beim Diamant ist dieser Effekt extrem ausgeprägt, in einer Richtung schleift er leicht, senkrecht dazu aber überhaupt nicht und zerkratzt nur die Scheibe. Die Richtung ist nun bei fast jeder Facette anders und man muß die Richtung immer wieder neu suchen. Für den, der sich in der Kristallographie gut auskennt, gibt es hierfür Schleif- regeln, doch ein Amateur, der an einem Rohstein mit wenig oder unregelmäßig ausgebildeter Kristallform diese Regeln das erste Mal anwenden soll, wird sich schwer tun und lieber die richtige Richtung durch probieren ermitteln. Mit einiger Übung hört man dann schon am Schleifton, ob die Facette greift: Je höher und schriller der Ton, um so schlechter, je leiser und tiefer, um so besser greift diese.

Die erste Schwierigkeit liegt noch in der Entwicklung, die zweite muß jeder durch

Übung überwinden, schnell stellt sich das Gefühl für die richtige Schleifrichtung ein. Anfang dauert es sehr lange, später geht es dann immer schneller.
Sobald wir den richtigen Kitt haben, können wir den Diamant auch wie andere Farbsteine aufkitten und in den Facettenkopf Mod „A" einspannen. Die Einstellung der einzelnen Facetten wird dann genauso leicht und das Schleifen wird sogar einfacher, da man dazu nur eine Gußeisen- oder Gußstahlscheibe und ¼ Karat Diamantpulver 0-20 μ braucht, das mit drei Tropfen Olivenöl angerührt und in die aufgerauhte Scheibe (mit einem groben Siliziumkarbidstein radiale Rillen einritzen) mit dem Finger eingerieben wird. Damit kann man sehr viele Diamanten schleifen. Die Drehzahl soll aber hier ca. 3000 U/min betragen. Das Handstück des Facettenkopfes mit dem Stein wird nun aber nicht von Hand auf der Scheibe hin- und herbewegt, sondern an der richtigen Stelle der Scheibe festgestellt (Gewinde M6 hinten an der Kopfhalterung) und mit ein bis zwei Gummiringen der Druck des Steins auf die Scheibe eingestellt. Poliert wird die Facette gleich nach dem Schliff durch Hin- und Herbewegen von Hand an einer Stelle der Scheibe, auf der noch nicht geschliffen wurde. Sie brauchen also keine besondere Polierscheibe und kein Poliermittel, ja nicht einmal Wasser.
Das Schleifen der einzelnen Facetten kann Stunden dauern. Sie können die Maschine dabei alleine laufen lassen und einer anderen Arbeit nachgehen oder ausspannen. Die kleinen Gürtelfacetten dauern aber nur Minuten, da muß man schon dabeibleiben. Wie Sie die richtige Schleifrichtung mit dem Facettenkopf einstellen können, sehen Sie auf der Abb. 37. S. 32. —

Diopsit: G = 3,27–3,31; H = 5–6; RI = 1,67 –1,7; V = Alpen, Skandinavien, Vesuv, Madagaskar, Burma, Mussaalpe (Piemont). — Von farblos über hellgrün, dunkelgrün bis schwarz. Katzenaugen und vierstrahlige Sterne. Einige Spaltebenen sind vorhanden, machen aber keine Schwierigkeiten. Recht hitzebeständig. Die beste Farbe kommt durch die Seitenflächen der Kristalle, die Enden zeigen ein ungünstiges gelbbraun. Das Sägen geht leicht senkrecht zum Wuchs, nicht mit dem Wuchs, sonst splittert der Kristall. Vorsichtig vorschleifen. Facetten schleifen schnell mit ausnahme senkrecht zu den Kristallenden wo es sehr langsam wird und glänzt. Polieren ist schwierig wegen auftretenden Kratzern. Linde A oder Zinnoxyd für kleine Facetten geht wenn die richtige Polierrichtung getroffen wird. Besser sind Holz- oder Wachscheibe.

Dioptas: G = 3,3–3,35; H = 5; RI = 1,65–1,7; DI = 0,036; PC; V = Kongo. Passendes Facettenmaterial nur von den Kristallenden, drei Spaltebenen wie bei Calzit, sehr schwierig, brüchig, nicht hitzeempfindlich. Vorschleifen nicht erforderlich. Beim Facettenschleifen 1200 Korn, scharfe Kanten und Spitzen vermeiden, da diese abbrechen. Cabochons fein schleifen, PC.

Enstatit: G = 3,25–3,3; H = 5,5; RI = 1,66–1,67; PA; V = Südafrika, Indien, Europa, schön grünes Material von Kimberley aus den Diamantenminen, braune gebrochene Kristalle von Indien. — Zäh, hitzeunempfind-lich, kaum spaltend aber Härteunterschiede in verschiedenen Schleifrichtungen. Besonders hart quer zu den Kristallenden. Undurchsichtiges Material als Bronzit bekannt wegen seines bronzenen Schillers, sehr brüchig. V = Harzburg, Schwarzwald. Stücke lieber zerbrechen als sägen! Feinschleifen und PA, PC polieren.

Epidot: G = 3,25–3,5; H = 6–7; RI = 1,74–1,78; DI = 0,03; PA, PC; V = Untersulzbachtal (Knappenwand), Zillertal, Arendal (Norwegen), Piemont, Kalifornien, Alaska, Brasilien. — Stark bräunlichgrün, manchmal gelblich oder grünlichgelb. Stark dichroitisch grün-braun. Eine Spaltebene aber nicht sehr schwierig, nicht hitzempfindlich. Beim Polieren Richtung wechseln. Die meisten Steine sind sehr dunkel und müssen sehr flach geschliffen werden. (Krit. < 35° 20')

Euklas: G = 3,05–3,1; H = 7,5; RI = 1,65–1,68; DI = 0,016; PA; V = Odenwald, Alpen, Ural, Brasilien. — Nur gelegentlich schwierig, farblos bis hellviolett, hellblau, blau und strohgelb, nie massiv. Tafelfläche 15° zur einzigen Spaltebene neigen, nach der besten Farbe ausrichten! Nicht hitzeempfindlich. Poliert sehr schnell unter Vergrößerung der Facette. Große Härteunterschiede — Vorsicht!

Nicht die „weichen" Facetten überschleifen!

Feldspat, Adular, Mondstein, Sonnenstein, Amazonit, Labradorit, Albit, Oligoklas, Orthoklas, Mikroklin: G = 2,54–2,69; H = 6 bis 6,5; RI = 1,52–1,57; DI = 0,012; PC, PA; V = Laachersee, Drachenfels, Fichtelgebirge, Riesengebirge, Schweiz, Tirol, Elba. — Meist Spaltebenen, nicht hitzeempfindlich, poliert leicht und schnell. Mondsteine mit starkem Blauschimmer am teuersten, weniger Silberschein. Beste Mondsteine aus Ceylon und Burma, beste Sonnensteine aus Norwegen. Labrador aus Finnland und Madagaskar, Amazonit aus Virginia und Colorado.

Fibrolith, Faserkiesel, (Sillimanit): G = 3,25; H = 7,5; RI = 1,665; PA; V = Sachsen, Siebengebirge, Tirol, Burma, Ceylon. — Sehr selten kleine hellblaue Kristalle, sonst meist massiv. Hart und zäh, in Kristallen eine schwierige Spaltebene. Nicht hitzeempfindlich, große Härteunterschiede, besonders hart senkrecht zur Spaltebene. Flache Bruchstücke sind kaum zu schleifen. Vorschleifen auf nicht schlagender Scheibe, Kanten vermeiden, Facetten auf Blei mit 400 Korn Siliziumkarbid schleifen. Cabochons und Katzenaugenmaterial auch vorsichtig behandeln, PA.

Fluorit, Flußspat: G = 3,01–3,25; H = 4; RI = 1,43; DI = 0,007; V = Erzgebirge, Vogtland, Alpen, Schwarzwald, Waldshut, Berner Oberland, Otschi Alpe. — Meist durchsichtig aber selten rein, purpur, grün, blau und gelb, rot und rosa selten. 4 Spaltebenen, brüchig, sehr hitzeempfindlich! Vorsicht bei allen Arbeitsgängen, besonders beim Kitten; selbst mit dem Fingernagel kann man polierte Flächen beschädigen! Tafel 15° zur Spaltebene neigen. Nur mit 15-20 μm Diamantkorn facettiren, auf Holz oder Wachs mit Linde A polieren.

Gips, Alabaster: G = 1,5–2,4; H = 1,5–2; V = Deutschland, Italien, Frankreich, Ischl, Wallis, Volterra. — Für Bildhauerarbeiten, mit Stahlwerkzeugen und Sandpapier bearbeitbar. Schleift sehr schnell! Poliert fast mit jedem Poliermittel auf weichen Scheiben, Stoffscheiben und Leder, letzte Politur von Hand.

Glas, vulkan. Gläser: G = 2,07–6,33; H = 4,5–7; RI = 1,44–1,96; DI = 0,01 (Silika) 0,016 (Crown) 0,041 (Flint); PC. — Alle Arten leicht zu schleifen aber hitzeempfindlich und brüchig, entwickelt leicht Sprünge unter der Oberfläche. Poliert PC oder auf Zinn mit Zinnoxyd- Holz für große Flächen.

Goethit, Nadeleisenerz: G = 3,3—4,3; H = 5–5,5; Pa; V = Siegerland, Thüringen, massiv, faserig manchmal fest genug zum Polieren, vorsichtig sägen! Nicht hitzeempfindlich.

Granat: Almandin (DI = 0,027) Pyrop (0,022) Grosular, Spessartin (0,027) Rhodolit, Andradit, Demantoid (0,057) G=3,41–4,2; H= 6,5–7,5; RI = 1,74–2,0; PA. Brüchig außer Grossular, etwas hitzeempfindlich, vorsichtig schleifen, nicht trocken werden lassen, Cabochons mit 1200 Korn auf Leder vorpolieren. Facettensteine normal.
V = Spessart, Riesengebirge, Harz, Kaiserstuhl, Oetztal, Zillertal, Elba, Fassatal, Böhmen, Madagaskar, Ceylon, Brasilien, Australien, Südrohdesien usw.

Hambergit: G = 2,35; H = 7,5; RI = 1,55–1,63; DI = 0,015; V = Madagaskar. — Sehr selten, farblos. Brüchig, zwei Spaltebenen im rechten Winkel, parallel zur Länge des Kristalls. Kristalle roh oder stark verwittert, zeigen meist die Spaltebenen. Rondiste dick halten! Verschiedene Härte, besonders senkrecht zu Kristallende. Vorsichtig sägen! Keine spitzen Winkel schleifen. Poliert auf Plexiglas mit Zinnoxyd oder Linde A.

Hämatit, Blutstein: G = 4,9–5,3; H = 5,5–6,5; V = Lahn (Dillmulde), Siegen, Sachsen, Harz, Hunsrück, Eifel, Elba, Graubünden, Gotthard, Mte. Rosa, Iserlohn, Cumberland. Facettensteine oder Cabochons, zäh, nicht hitzeempfindlich. Prüfe das Rohmaterial um radiale Trennungsschichten in den nierenartigen Stücken zu finden, welche das Material leicht teilen. Cabochons polieren am besten auf Stoffscheiben, Leder oder Holz mit Ceroxyd oder Aloxyd. Facettensteine PA, gute Politur schwierig, Magnesiumoxyd auf Stoffscheiben.

Hypersthen, Pyroxen (Augit): G = 3,3–3,5; H = 5–6; RI = 1,67–1,68; PA; V = Eifel, Kaiserstuhl, Vesuv. — Metallischer Schein ähnlich Bronzit in der massiven Form, gelegentlich klar, Behandlung wie Enstatit.

Idokras, Vesuvian: G = 3,4–3,5; H = 6,5;

RI = 1,71–1,73; DI = 0,019; PA; V = Odenwald, Fichtelgebirge, Vesuv (Somma), Mussaalpe Alathal (Piemont), Monzoniberg (Tirol), Saasthal (Zermatt), Auerbach (Bergstr.). Häufig undurchsichtig, selten klar zum Facettenschleifen. Californit für Cabochons und Kabinettstücke ähnelt Nephrit Jade. Extrem zäh, „hinterschleift" beim Sanden und Polieren. Flächen auf Holz polieren!

Iolit, Cordierit, Dichroit: G = 2,6–2,66; H = 7–7,5; RI = 1,53–1,55; DI = 0,017; PA; V = Bayer. Wald, Norwegen, Schweden, Ceylon, Indien, Madagaskar. — Von einer Seite intensiv violettblau, senkrecht dazu gelblichgrau oder graublau fast farblos wegen stärkstem Dichroismus. Farbenspiel kann durch Briolets gut ausgenützt werden, für normale Facettensteine ist die Farbe wenig interessant. Schleift und poliert normal.

Jadeit: G = 3,3–3,5; H = 6,5–7; RI = 1,65–1,67; PA; V = Burma und Japan. — Allgemein als Jade bekannt, in allen Farben anzutreffen, apfelgrün durchscheinend ohne Flecken ist teuerstes Material. Äußerst kompakt und zäh daher besonders auch für Gravierungen und sogar Ringe zu verwenden. Feinkörnig bis grobkörnig. Grünschwarze Varietät heißt Chloromelanit. Schleift normal, „unterschleift" schon beim Sanden und erst recht beim Polieren. Beim Sanden reichlich Wasser zuführen, auf Leder mit Linde A polieren, der Glanz erscheint erst nahe dem Trockenwerden der Scheibe, wenn nichts hilt mit 0–2 μm Diamantpulver auf Holzscheibe polieren.

Jet, Gagat, Pechkohle, foss. Holz: ist ziemlich zäh und nimmt gute Politur an, doch schließt seine Weichheit die Verwendung in stark getragenem Schmuck aus. Kann wie Bernstein mit Stahlwerkzeugen und Schmirgelpapier bearbeitet und schließlich mit Stoffscheibe, Filz- oder Lederscheibe und Ceroxyd oder Aloxyd poliert werden. V = Colorado, Utah, Whitby (England).

Korallen: G = 2,68; H = 4; V = Mittelmeer, Japan, schwarze Korallen von Alaska und Hawaii, Schleifen mit Sandpapier am besten von Hand, polieren auf Stoffscheibe mit Tripel und Zinnoxyd, schwarze Korallen mit Rouge, beide hitzeempfindlich.

Kornerrupin: G = 3,28–3,34; H = 6,5; RI = 1,67–1,68; DI = 0,018; PA; V = Ceylon, Madagaskar. Gelb braun, grünlich, durchsichtig. 2 Spaltebenen, nicht hitzeempfindlich.

Korund, Saphir, Rubin: G = 3,96–4,05; H = 9; RI = 1,76–1,78; DI = 0,018; V = Sachsen, Schweden, Naxos, Ceylon, Burma, Australien, Kaschmir, Kambodscha, Montana. — Nach Diamant härtester Edelstein, alle Farben. Taubenblutrot (Rubin) und kornblumenblau (Saphir) begehrteste Farben, als nächste orange (Padparadscha) und feines Grün (orient. Smaragd). Äußerst zäh, auch in Weißglut nicht zerstörbar (Schiller und undurchsichtige Arten springen leicht). Edelsteinkristalle klein und selten erhältlich. Hier hilft man sich, indem man schlecht geschliffene indische Steine kauft (native cuts) und diese umschleift. Schwer zu schleifen und zu polieren, Siliziumkarbidscheiben zum Vorschleifen arbeiten sehr langsam und sind schnell verbraucht, selbst Diamant in Kupferscheiben ist schnell abgenützt, am besten sind gebundene Diamantscheiben. Verschiedene Schliffrichtungen im Kristall haben verschiedene Härte. Polieren auf Kupfer mit Diamantkorn 0–2 μm in Öl.

Nachfolgendes Polieren mit Tripel soll die Oberfläche verbessern. Cabochons auf Holzscheiben mit 10–15 μm feinschleifen, nachfolgend mit 0–2 μm in Öl polieren, dabei große Hitzeentwicklung, ein beim Polieren heißgewordener Stein kann unbedenklich in Wasser abgekühlt werden, damit Kitt nicht schmilzt. Sonderkitt für Saphir erhältlich.

Lapis Lazuli, Chilelapis: G = 2,5–2,9; H = 5,5; RI = 1,98; PA; V = Mt. Somma (Vesuv), Albanerberge, Afghanistan, Baikalsee, Turkestan, Chile, Kalifornien, Colorado. — Sehr zäh aber weich, schleift sehr schnell — Vorsicht! Nützt auch Diamantscheibe schnell ab.

Lazulith Blauspat: G = 3,1; H = 5–6; RI = 1,6–1,69; V = Salzburg, Wallis, Steiermark, USA, Brasilien. — Weich aber zu schönen Cabochons schleifbar, keine Probleme außer „Unterschleifen" bei weicheren Unreinheiten. Etwas hitzeempfindlich. Poliert PA.

Lepidolith, Muskovit, Zinnwaldit, Lithiumglimmer, Kaliglimmer, Lithiumeisenglimmer: G = 2,78–3,1; H = 2–3; PC; V = Sachsen, Böhmen, Mähren, Kalifornien. — Gelb, grau oder rosa bis purpur, oft in feinkörnigen Massen nehmen gute Politur an, weich, mit

Stahlwerkzeugen bearbeitbar, „unterschleift" sehr stark. —

Leucit: G = 2,47; H = 5,5–6; RI = 1,51; DI = 0,01; PC; V = Vesuv, Albanerberge, Laachersee, Kaiserstuhl, Rieden, Andernach — Selten klar, meist undurchsichtig weiß, einziges Facettenmaterial aus der Lava der Albanerberge bei Rom. Hitzebeständig, zäh, schleift und poliert gut. Fertige Steine zeigen Farblichter durch Interferenzhäute.

Magnesit, Bitterspat: G = 3; H = 3,75–4,25; RI = 1,51–1,7; V = Steiermark, Zillertal, Salzburg, Gotthard. — Meist undurchsichtig bis durchscheinend, aus Brasilien jedoch auch durchsichtig, farblose Kristalle für Steine bis 10 Karat. Spaltbar in drei Ebenen, wie bei Calzit, aber nicht so leicht. Sehr hitzeempfindlich, explodiert in direkter Flamme, kann jedoch bei vorsichtiger, indirekter Erwärmung mit Schellack aufgekittet werden. Schleift mit Härteunterschied in verschiedenen Richtungen. Facettenschliff nur auf Bleischeibe mit 400 Korn Siliziumkarbid. Poliert langsam aber sicher mit Linde A auf Wachs.

Malachit: G = 4; H = 3,5–4; RI = 1,65–1,9; V = Siegerland, Harz, Chessy, Lyon, Kongo, Rhodesien, Südwestafrika, Mexiko. — Schleift sehr schnell — Vorsicht! Poliert schwierig, dunklere Teile leichter. Bricht leicht, Cabochons dick machen. Hitzeempfindlich. Poliert auf Leder mit Aloxyd oder Chromoxyd, „unterschleift"! Letzte Politur von Hand mit einem reinen Leder, das in eine dünne Aufschlämmung von Chromoxyd mit etwas Seife in Wasser, getaucht wird. Ergebnis lohnt die Mühe. Poliert noch schneller mit einigen Tropfen schwacher Säure: Essig, Salz- oder Oxalsäure naß halten, zum Schluß in reines Wasser tauchen, dann nochmals ohne Säure polieren.

Markasit: G = 4,8–4,9; H = 6–6,5; V = Aachen, Oberschlesien, Freiberg Sa., Böhmen. Behandelt wie Pyrit.

Meteoriten: Metallische Meteoriten, die zerschnitten und poliert werden sollen, sind extrem schwer zu behandeln. Diamantsägen gehen gar nicht, am besten Stahlbandsäge oder Kreismesser mit losem Siliziumkarbid und Borkarbidpulver in Fett oder Öl um ein Rosten zu verhindern. Fingerabdrücke vermeiden, die weiterrosten. Weichere Exemplare lassen sich mit einer Metallbandsäge schneiden. Schleifen mit Siliziumkarbidkorn in Petroleum. Politur mit Diamantpaste auf Poliertuch oder Pellon, auch Linde A in Petroleum.

Mikrolith: G = 5,5–6; H = 5,5–6; RI = 1,93 –2,02; PA; V = Virginia. — In kleinen Mengen in granitischem Pegmatiten vorkommend aber selten durchsichtig oder größer als 3 mm. Nicht hitzeempfindlich. Schleift gut auf Siliziumkarbid aber kratzt auf Diamant-Kupferscheibe. Poliert leicht.

Mimetesit: G = 7,24; H = 3,5–4; PA. — Gelegentlich in gelborangefarbigen Massen geeignet für Cabochons. Die Farbe ist ungewöhnlich und der Lüster eines fertigen Steines brillant. Behandlung normal, hitzeempfindlich. Cabochons dick halten.

Muscovit, Kaliglimmer: G = 2,78–2,88; H = 2,25; V = Gotthard, Zillertal. — Behandlung (siehe bei Lepidolith.).

Natrolith, Zeolithe: G = 2,2–2,25; H = 5 bis 5,5; RI = 1,48–1,49; PC; V = Hessen, Hohentwiel, Britisch Columbien, Indien, Norwegen. — Weiß bis farblos, grobe, prismatische Kristalle. Zwei ausgeprägte Spaltebenen parallel zur Länge. Hitzeempfindlich, wird beim Erwärmen weißlich. Kristalle selten über 3 mm.

Nephrit, Jade: G = 2,9–3,02; H = 6–6,5; RI = 1,6–1,65; V = Neuseeland, Wyoming, Britisch Columbien, Jademountain in Alaska, Kalifornien, Europa, Asien. — Noch zäher als Jadeit, schleift leicht, macht aber Schwierigkeit beim Sanden und Polieren durch „unterschleifen". Vorsichtiges Sanden ist das Geheimnis des Erfolges und die Methode schwankt je nach Material — manchmal trocken — manchmal naß schleifen, wenn Nadellöcher auftreten, Methode wechseln. Poliert am schnellsten mit Aloxyd auf Leder oder Diamant auf Holz, auf weicher Holzscheibe mit Zinnoxyd mit viel Druck und fast trocken.

Obsidian, Lavaglas: G = 2,3–2,6; H = 5 bis 5,5; RI = 1,5; V = Oregon, Kalifornien. — Schwarz, rot oder braun, grünlich. Durchscheinend bis durchsichtig. Hitzeempfindlich und sehr brüchig. Gut feinsanden. PC.

Opal: G = 1,9–2,2; H = 5,5–6,5; RI = 1,43–

1,46; PC; V = Ungarn, Kraubarth (Steiermark), Austral. Mexiko, Honduras, Waltsch (Böhmen), Nevada.
In wirklich guter Qualität sehr teuer, doch schlecht zu bekommen. Sehr hitzeempfindlich, bekommt leicht Sprünge. Am besten kalt aufkitten, schleifen und Sanden immer naß, Stein nie warm werden lassen. Bims als Vorpolitur, dann PC gibt höchsten Glanz. Wenn das Material dünn aber einigermaßen transparent ist, lassen sich auf einfache Weise herrliche Opaldubletten herstellen. Die beste Seite des Opalstückes wird flachgeschliffen und mit dieser Fläche nach **innen** auf ein Stück gemeinen Opals oder schwarzen Onyx als Unterlage aufgeklebt und zwar mit UHU-Plus, in den etwas Lampenruß eingerührt ist, damit dieser ganz schwarz wird. Wird die gute Opalschicht überdies noch mit blauer Kugelschreiberfarbe eingefärbt (an der Klebstelle), dann hat der Stein später einen besonders schönen Blauschimmer. Nach dem Trocknen (10-12 Stunden) wird die gute Opalschicht so dünn abgeschliffen, bis das beste Farbenspiel sichtbar wird, Cabochonoberseite dabei ganz flach halten, damit an den Rändern nicht durchgeschliffen wird oder die Mitte kein Feuer zeigt. Der durchscheinende schwarze Klebstoff verstärkt nun als Kontrastmittel das Farbenspiel auf überraschende Weise und ahmt einen schwarzen Opal nach.

Peridot, Olivin, Chrysolit: G = 3,3–3,5; H = 6,5–7; RI = 1,65–1,7; DI = 0,02; V = Eifel, Kaiserstuhl, Kraubarth (Steiermark), Burma, Arizona, New Mexiko. — Gelbgrün bis braungrün, sehr gesucht ist ein bestimmtes tiefes Gelbgrün von großer Gleichmäßigkeit. Zäh und unempfindlich, schleift normal, poliert schwierig. Vorpolieren mit 5-10 μm Diamantpulver auf Kupfer, treten Nadellöcher auf sofort Schleifrichtung wechseln. Polieren mit dicker Aloxydpaste auf Zinn mit einigen Tropfen Salzsäure, fast trocken. Große Facetten auf Wachsscheibe.

Perlmutter und Perlen: G = 2,65–2,9; H = 4; Wird ähnlich wie Korallen behandelt und mit Zinnoxyd poliert. Nicht trocken sägen oder schleifen. Das Einatmen des Staubes einiger Muschelarten soll Übelkeit und andere Beschwerden verursachen.

Petalit: G = 2,39–2,46; H = 6–6,5; RI = 1,5–1,52; PC/PA; V = Westaustralien, Südwestafrika. — Farblose Fragmente, Kristalle selten, durchsichtig. Etwas brüchig, sonst zäh. Eine Spaltebene, aber nicht gefährlich. Nicht hitzeempfindlich. Schleift langsam aber glatt.

Phenakit: G = 2,95–2,97; H = 7,5–8; RI = 1,65–1,67; DI = 0,015; PA; V = Schweiz, Vogesen, Norwegen, Brasilien, Colorado, Ural. — Farblose, flache Kristalle selten über 1–2 Karat. Zäh, nicht hitzeempfindlich. Eine Spaltebene aber nicht gefährlich. Schleift normal, poliert mit dicker Aloxydpaste oder Linde A auf Zinn, fast trocken, oder 0-2 μm Diamantstaub, beides langsam.

Prehnit, Chlorastrolith: G = 2,8–2,9; H = 6–6,5; RI = 1,61–1,65; PA; V = Harzburg, Oberstein, Schwarzwald, Tirol, Frankreich, Schottland, New Yersey.
Hauptsächlich in runden Massen in der Form der Hohlräume, die es ausfüllt. Grün bis gelbgrün, durchscheinend bis fast durchsichtig. Zäh in dicken Stücken aber splittert leicht in Faserrichtung. Schleift und sägt leicht.

Proustit: Arsensilberblende: G = 5,57; H =2–2,5; RI = 2,79–3,08; V = Erzgebirge, Vogesen, Schwarzwald, Dauphineé, Mexiko, USA, Canada, Chile.
Extrem weiches Silbererz, gelegentlich zu herrlichen Facettensteinen von tiefroter Farbe geschliffen, die halbmetallischen Glanz besitzen. Material dafür schwer zu bekommen und schwer zu schleifen. Kalt kitten, vorsichtig sägen. Besser von Hand mit einer Siliziumkarbidtrennscheibe ringsum einschleifen und auseinanderbrechen. Schleifen geht, Polieren mit Linde A auf Wachs aber sehr feine Kratzer entstehen schnell. Wegen seines außerordentlich hohen Brechungsindex können die Facetten ganz flach, bis 30° herab geschliffen werden.

Pyrit: G = 5,02; H = 6–6,5; V = Harz, Ostalpen, Waldenstein (Kärnten), Vlotho (Minden), Elba. — Festes Material für Cabochons oder Facettensteine nicht leicht zu finden, die meisten Stücke sind innerlich verunreinigt und mit anderen Schwefelmineralien gemischt und fallen beim leichtesten Stoß auseinander. Sehr brüchig und recht hitzeempfindlich. Vorsicht vor Stößen und

Rattern beim Sägen und Schleifen. Große Stücke beim Aufkitten sehr Langsam erwärmen, auf feinen Scheiben schleifen. Abgeschliffenes Material verschmutzt die Einrichtung. Vorpolieren mit dicker Paste von 1200 Korn Siliziumkarbid auf Leder. Poliert PA, Facetten auf Holz oder Wachs, auch auf Filz oder Flanell mit Magnesiumoxyd.

Quarz: Bergkristall, Rauchtopas, Amethyst, Citrin (Gold-Madeira und Palmeiratopas), Rosenquarz, Grünquarz, Katzen- und Tigerauge, Rutilquarz, Avanturinquarz, Chalzedon, Sarder, Chysopras, Plasma, Achat, Onyx, Sardonyx, Jaspis, versteinertes Holz, Knochen usw.: G = 2,65–2,66; H = 7; RI = 1,54–1,55; DI = 0,013; V = Sulzbach-Pfitsch-Münstertal, Galenstock, Oberwallis, Brilon, Warstein (Arnsberg), Sundwig (Iserlohn), Wallital (Biel), Göschenenalp, Gotthard, Tirol, Elba, Tavetsch (Graubünden), Zillertal. — Kristall- und kristalline Arten, oft etwas brüchig, kryptokristalline sehr zäh. Nicht besonders hitzeempfindlich. Keine Spaltebenen aber leichte Härteunterschiede nach der Schleifrichtung. Zwillingskristalle häufig in Amethyst, dabei Unterschiede beim Polieren in verschiedenen Richtungen. Die meisten Quarze polieren mit Ceroxyd auf Filz, Holz oder Leder, „unterschleifende" Arten wie Tigerauge auf Leder mit Aloxyd oder Linde A. Facettensteine polieren am besten mit Ceroxyd auf Plexiglas, Aloxyd auf Zinn gibt oft ganz kleine Kratzer. — Cabochons auf Filz mit Ceroxyd, „unterschleifende" Sorten auf Leder mit Aloxyd.

Rhodochrosit: G = 3,45–3,65; H = 3,5–4,5; RI = 1,6–1,8; V = Argentinien, Colorado. — Rosenrot bis rosa in leichten Schattierungen, Kristalle oder faserig massiv, durchsichtig bis durchscheinend. Drei Spaltebenen wie bei Calzit. Brüchig und hitzeempfindlich. Vorsichtig behandlen! Nur auf feiner Scheibe schleifen. PA, Facettensteine auf Wachs mit Linde A.

Rhodonit, Manganspat: G = 3,5–3,68; H = 5,5–6,5; RI = 1,71–1,75; PA; V = Harz, Westfalen, Spanien, New Jersey, Neusüdwales, Schweden. — Eine orientierte Spaltfläche, „unterschleift". Einzelkristalle extrem stoßempfindlich, schwer zu sägen und zu schleifen wegen Spaltgefahr, Feinkörnige undurchsichtige Sorten sehr zäh, grobkörnige zerbrechen zwischen den Fingern. Nicht hitzeempfindlich, dunkles Material poliert besser. Verlängertes Sanden mit altem 400 Korn Schleifband und zusätzliche Behandlung mit 800-1200 Korn auf Leder ist nötig, um die kleinsten Kratzer auszumerzen, die beim Polieren nicht herausgehen. —

Rutil, Titania, Titania night Stone: G = 4,18–4,25; H = 6–6,5; RI = 2,6–2,9; DI = 0,28; V = Pfitsch (Tirol). Georgia, North Carolina, Schweden, Norwegen, Limoges, Indien, Australien. — Synthet. Material der National Leads Co., natürliches Material nur dunkelbraunrot, kaum schleifbar. Lichtbrechung und Farbenspiel viel höher als beim Diamant. Bekommt beim Sägen leicht Sprünge, von beiden Seiten einsägen und nicht drücken. Stärkste Doppelbrechung-Tafel genau nach optischer Achse ausrichten (S. 18) sonst verwaschene Facettenzeichnung. Schleift leicht, aber wenn Löcher auftreten sofort Richtung wechseln. Poliert nur auf Zinn-Bleischeibe gut gerillt mit Linde A.

Scheelit, Tungstein: G = 5,9–6,1; H = 4,5–5; RI = 1,92–1,93; V = Tirol, Erzgebirge, Schlesien. — In UV-Licht besonders stark leuchtend. Durchsichtig bis durchscheinend. Brüchig, Spaltebenen vorhanden aber nicht störend, nicht hitzeempfindlich. Vorpolieren mit Linde A auf Zinn, dann Wachsscheibe. Die Politur wird selten perfekt da die Kanten abplatzen. —

Serpentin: G = 2,5–2,6; H = 2,25–4; RI = 1,49–1,57; PA; V = in allen krist. Schiefern, England, Irland, Griechenland, Italien, Ägypten, USA. — Als Bildhauerstein. Verde antique ist ölig grün mit weißen Spritzern von Calzit. Edelserpentin ist heller in der Farbe, mehr kompakt und durchscheinend und für Schmuck und Gravierungen geeignet. Weitere Varitäten sind Bowenit, Williamsit, Antigorit (blaugrün) und Satelith, Chrysotil (faserig f. Katzenaugen). Weich und leicht gravierbar aber schwer zu polieren. Bei Sägen lieber Wasser verwenden. Vorsichtig schleifen, da immer vorhandene Unreinheiten die Härte ungleich gestalten. Zäh, nicht hitzeempfindlich.

Siliziumkarbid: G = 3,17; H = 9,5; RI = 2,65–2,7; Synthet. Material, wird als hauptsächlichstes Schleifmittel zum Schleifen von Edelsteinen und Mineralien verwendet. Beim Schmelzprozeß treten allerdings sehr kleine Kristalle auf, die, wenn durchsichtig, schleifbar sind und wegen der hohen Lichtbrechung (höher als Diamant) brillante Steine ergeben. Farben grün, blaugrün bis gelbbraun, amerik. Material wurde teilweise als Diamantersatz verwendet. Sägt und schleift langsam aber stetig, sogar mit Siliziumkarbid, seinem eigenen Schleifmittel. Poliert mit 0-2 μm Diamant auf Kupfer.

Sinhalith: G = 3,36–3,52; H = 6,5; RI = 1,68–1,7; DI = 0,018; V = Ceylon; Pa. — Im Schleifcharakter nicht ähnlich dem Peridot, mit welchem es lange verwechselt wurde, ähnelt es eher dem Turmalin. Leicht zu behandeln, nicht hitzeempfindlich.

Skapolith, Wernerit: G = 2,61–2,7; H = 6–6,5; RI = 1,55–1,56; DI = 0,017; PC; V = Laachersee, Passau, Tessin, Sulzbachtal, Madagaskar, Brasilien, Burma. — Durchsichtig bis durchscheinend. Farblos, gelb, rosa, grau, weiß und violett. Nicht hitzeempfindlich. Verschiedene Härte nach Schleifrichtung. Zwei Spaltebenen aber nicht schwierig. Brüchig. Facettenmaterial manchmal recht groß.

Smaragdit, Edenit, grüne Hornblende; Aktinolith, Hornblende: Grünes massives Amphibol aus Nordkarolina meist mit roten Korundkugeln als Einschluß in feinem Kontrast. Durch die großen Härteunterschiede ist ein Schleifen und Polieren fast unmöglich, ähnlich wie bei afrikanischem Rubin in Zoisit. —

Smithsonit, Zinkspat, Aztekenstein: G = 4,3–4,45; H = 4–4,5; RI = 1,62–1,85; DI = 0,015–0,031 (Unterschied in verschiedenen Richtungen); PA; V = Aachen, Baden, Kärnten, Tirol, Salzburg, Neumexiko, Sardinien, Griechenland, Arkansas, Südwestafrika, Neusüdwales.

Sodalith: G = 2,2–2,4; H = 5,5–6; RI = 1,48; PC; V = Laachersee, Mte. Somma, Ontario, Britisch Columbien, Indien, Bolivien, Brasilien. — Massiv tiefblau, durchscheinend, selten durchsichtig. Etwas brüchig, nicht hitzeempfindlich. Poliert sehr schnell.

Sphalerit, Zinkblende: G = 3,9–4,1; H = 3,5–4; RI = 2,37; DI = 0,156; PA; V = Bayern, Harz, Siegen, Schwarzwald, Westfalen, Spanien, Mexiko, USA. — Fettgelb, orange, rot, braun und grün. Durchsichtig gebändert und mit Einschlüssen. Sechs Spaltebenen aber nicht kritisch, etwas brüchig. Nicht Hitzeempfindlich. Schleift schnell und glatt mit 1200 Korn. Vorpolieren PA, wenn nötig Polierrichtung wechseln, Schlußpolitur auf Wachs mit Linde A. — Diamantglanz!

Sphen, Titanit: G = 3,45–3,56; H = 5–5,5; RI = 1,9–2,04; DI = 0,051; PA; V = Laachersee, Tirol, Salzburg, Mexiko, Ontario. — Durchsichtig gelbgrün bräunlich. Oft Zwillingskristalle mit Farbstreifen, außen heller. Hitzeunempfindlich. Braune Steine werden nach Hitzebehandlung rotbraun oder orangebraun. Zäh, verschieden hart nach Schleifrichtung, poliert leicht aber etwas rillig.

Spinell: G = 3,58–3,8; H = 8; RI = 1,71–1,74; DI = 0,02; PA; V = Mähren, Schweden, Ceylon, Siam, Burma. — Synthet. Material in allen Farben billig und leicht zu schleifen. Natürliches Material in allen Farben, aber selten klar. Zäh, nicht hitzeempfindlich. Poliert auf Zinn (80/20) mit Aloxyd, viel Poliermittel, viel Druck, 2000 U/min, zum Aloxyd 10% Chromoxyd beimischen. Für Diamantersatz besser als Saphir wegen DI.

Spodumen, Kunzit, Hiddenit: G = 3,13—3,2; H = 6,5–7; RI = 1,65—1,68; DI = 0,017; PA; V = Salzburg, Tirol, Schweden, Californien, Nord Carolina, Brasilien, Madagaskar. — Kunzit und Hiddenit als „amerikanische" Edelsteine in USA sehr geschätzt. Kunzit violettrosa, Hiddenit blaugrün, andere Spodumene farblos, gelb, grüngelb, hellgelbgrün. Zwei Spaltrichtungen, brüchig, hitzeempfindlich. Ein aufgekitteter Stein soll in einer Sitzung fertiggeschliffen werden, da er sonst über Nacht zerspringt. Gürtel breiter lassen, Kristalle „über Kopf" schleifen, d. h. quer zur Länge des Kristalls, da so die beste Farbe erhalten wird. Schwierig zu schleifen, leicht zu polieren. Möglichst nicht sägen, wenn unvermeidbar, dann ringsum Rille einschleifen, erst dann sägen. Das Sägeblatt soll dünn und frisch sein. Schleift langsam in best. Richtungen, am besten mit Siliziumkarbid Korn 400.

Staurolith: G = 3,7–3,8;H = 7–7,5; RI = 1,73–1,76; DI = 0,023; V = Spessart, St. Gotthard, Radegund (Steiermark), Tirol, Tessin (Faido). Selten geschliffen aus kleinen Bruchstücken schmaler Kristalle, die mit blauem Cyanit im St. Gotthardgebiet vorkommen.

Strontiumtitanat, Fabulit: G = 5,13; H = 6–6,5; RI = 2,4–2,42; DI = 0,19. Rein synthet. Material mit diemantähnlichen Eigenschaften. Farblos, hitzebeständig, weich, trotzdem aber recht zäh. Einfachlichtbrechend. Schleifen leicht, polieren nur auf sehr weicher Zinn-Blei- oder Wachsscheibe mit Linde A.

Tektite, Moldawit, Australit, Billitonit: G = 2,3–2,5; H = 5,5; RI = 1,48–1,5; PC; V = Böhmen, Australien und Tasmanien, Sundainsel Billiton, Texas, Georgia. — Naturgläser vermutlich außerirdischen Ursprungs (Mond) durch Glühen in der Erdatmosphäre entstanden. Wie Glas zu schleifen und zu polieren.

Topas, Edeltopas (nicht Gold-Palmeira- oder Madeiratopas): G = 3,4–3,6; H = 8; RI = 1,61–1,64; DI = 0,014; PA; V = Sachsen (Schneckenstein), Island, Brasilien, Texas, Colorado, Rußland. Eine Spaltebene, nicht in Facettenrichtung legen. Zäh, sägt, schleift und sandet gut — kleine Stücke polieren mit dicken Aloxydbrei auf gut gerillter Zinnscheibe, fast trocken, große Facetten schwierig. Diamant-Kupferscheibe hinterläßt Riefen, auf Holz oder Wachs polieren. —

Tremolit, Strahlstein, Grammatit: G = 2,9–3,2; H = 5,6; RI = 1,6–1,62; PC; V = Tessin, Schottland, SW-Afrika, New York, Ontario. — Rohe Kristalle, auch massiv. Faserige Arten ergeben Katzenaugen. Viele schwierige Spaltebenen. Dunkelgrau, grün bläulichgraugrün. Nicht hitzeempfindlich. Extrem brüchig. Sehr langsam und vorsichtig sägen. „Mit dem Wuchs" feinschleifen und sanden. Facetten nur mit 15-20 μm schleifen. Polieren besser mit Zinnoxyd auf Plaxiglas, Unterschied nach Polierrichtung.

Turmalin (nicht synthet. Turmalin, dieser ist Spinell!): G = 3–3,2; H = 7; RI = 1,62–1,64; DI = 0,017; PA; V = Hörlberg (Bodenmais), Imfeld i. Binnenthal, Dobrowa (Unterdrauburg, Kä.), Harz, Elba, Campolongo, Brasilien, Madagaskar, Mozambique, Ceylon, Burma. — Schleift gut aber springt leicht quer zur Länge, schlagempfindlich. Etwas hitzeempfindlich. Bester Schliff für gute Farbe ist der längliche Treppenschliff. Große Facetten kratzen. Polierrichtung wechseln. Tafel auf Holzscheibe polieren. Bei dunklen Steinen Winkel bis 38° — ja 30° vermindern (Brillanzverlust!).

Türkis: G = 2,6–2,85; H = 5–6; PA; V = Schlesien, Sachsen, Persien, West-USA, Mexiko. Undurchsichtig bis leicht durchscheinend. Beste Farbe intensiv helbblau, grünlich ist weniger wert, ebenso zu hell. Rohmaterial ist kalkig im Aussehen, nur das beste Material ist wachsartig. Nicht brüchig, etwas hitzeempfindlich, besonders persisches Material. Wegen Porosität nicht mit Öl sägen, nur mit Wasser. Vor Arbeitsbeginn Türkis in heißes Paraffin tauchen, damit Poren geschlossen werden. Zu helle Farbe wird dadurch verbessert. Wenn zu weiches, poröses Material nicht polieren will mit Tuchscheibe (Schwabbel) und Polierwachs probieren.

Ulexit: G = 1,955; H = 2–2,5; RI = 1,49–1,53; V = Südkalifornien. — PA; Faseriges Material gibt rein weiße Katzenaugen und Kugeln. Wenn senkrecht zur Faserrichtung poliert, leuchtet ein auf die Unterseite gelegtes Bild auf der Oberseite durch (Television stone = Fernsehstein). Sehr hitzeempfindlich, weich und brüchig. Nicht kitten! Vorsichtig quer zur Faserrichtung sägen, sehr vorsichtig schleifen. Poliert auch mit Zinnoxyd auf Filz oder Leder. Polierte Flächen überziehen sich nach einiger Zeit mit weißer Schicht und erfordern Nachpolitur. —

Vivianit: G = 2,6–2,7; H = 2,5; V = Bayerischer Wald, Cornwall, Bolivien, Idaho. — Blaueisenerz. Extreme Spaltbarkeit verursacht das Auseinanderfallen beim leichtesten Stoß. Facettieren fast unmöglich!

Willemit: G = 3,89–4,18; H = 5,5; RI = 1,69–1,72; PA/PC; V = Franklin, New Jersey. — Durchsichtig bis durchscheinend, grün, gelbgrün, rotbraun, orange. Etwas brüchig, nicht hitzeempfindlich. Leicht zu schleifen und zu polieren. —

Witherit: G = 4,27–4,35; H = 3–3,75; RI = 1,53–1,68; PA; V = Salzburg, Steiermark, Kentucky, New York. — Durchscheinend, gelblich bis bräunlichgelb. Zäh, nicht hitzeempfindlich. Schleift leicht, nur feine Scheiben verwenden. Poliert mit Kratzern, auf Wachs nachpolieren.

Wollastonit: G = 2,8–2,9; H = 4,5–5; RI = 1,62—1,63; PA; V = Bergstraße, Odenwald.

Fasermaterial manchmal kompakt genug zum Polieren. Reinweiß oder hellgelb bis rosé. Weich, leicht zu schleifen.

Wulfenit: G = 6,5–7; H = 2,75–3; RI = 2,3–2,4; PA; V = Bleiberg und Kappel (Kärnt.), Arizona. — Durchsichtige flache orangegelbe bis orangerote Kristalle. Brüchig, etwas hitzeempfindlich. Diamantglanz. Spaltebenen nicht gefährlich. Vorsichtig schleifen und die Schleifrichtung kontrollieren, um Löcher zu vermeiden. Nachpolieren mit Zinnoxyd auf Wachs.

Zinkit: G = 5,43—5,66; H = 4–4,5; RI = 2,01–2,03; PA; V = Oberitalien, Franklin N. J. Durchsichtig tief orangerot nur von Franklin, meist sehr kleine Splitter. Eine gute Spaltebene. Brüchig, nicht hitzeempfindlich. Schleift mit Kratzern oder glatt nach Schleifrichtung, ebenso beim Polieren. Polierte Oberfläche oxidiert nach einigen Monaten, kann aber wieder aufpoliert werden.

Zirkon: G = 3,95–4,72; H = 6,5–7,5; RI = 1,79–1,99; DI = 0,039; PA; V = Alpen, Siebengebirge, Ceylon, Indochina, Kimberley, Australien. — Gerollte Kristalle, durchsichtig, brüchig aber zäh, hitzeunempfindlich. Schwer zu sägen, leicht zu schleifen (Härteunterschiede). Poliert gut aber langsam. Blaue bis weiße Farben können durch Hitzebehandlung aus braunen oder roten Steinen erzielt werden. Mit Pinzette in die Flamme gehalten (Weißglut) erfolgt der Farbwechsel in wenigen Minuten, der Stein bricht nicht.

Zoisit: G = 3,12–3,13; H = 6–6,5; PA; V = Fichtelgebirge, Tirol, Kärnten, Wallis, Norwegen. — Etwas porös, „unterschleift", neigt eher zum Mattglanz als zum Polieren. Sehr feines Sanden ist erforderlich mit guter Wasserzufuhr. PA oder Zinnoxyd auf Leder, kein Chromoxyd.

11 Sägen der Steine

Wenn man eine eigene Steinsäge besitzt, kann man das Material besser ausnützen, aus größeren Stücken kleinere heraussägen, die gewünschte Form durch Sägen weitgehend vorarbeiten, was mit Sägen viel schneller geht, als mit dem Schleifen (besonders bei Korunden), und Fehler im Stein leicht abtrennen.

Das Unterteil der Steinsäge wird mit Petroleum oder Seifenwasser gefüllt, so daß die Scheibe etwa 1 cm tief eintaucht. Dann werden Rohsteine mit einer Diamantscheibe von 150 oder 200 mm, Stärke 0,7 mm, kleine und kostbare Facettensteine mit Scheiben von 100 oder 120 mm Durchmesser, Stärke 0,3 mm, langsam und ohne Druck gesägt. Die Drehzahl soll 3000 U/min, bei empfindlichen Steinen 1500 U/min betragen.

Für größere Stücke und das Abschneiden von Scheiben dient das verstellbare Anschlaglineal und der Tisch als Auflage, kleine und empfindliche Stücke werden mit beiden Händen zwischen den Fingern (Abb. 39) gehalten, so gefühlvoll, daß die Scheibe nicht verkantet und der Stein ausbricht. Vorsicht, wenn das Petroleum zu dampfen anfängt, ist der Sägedruck zu hoch, der Stein wird zu heiß und das Sägeblatt wird zerstört.

Bei anderen Sägeeinrichtungen (z. B. LAPIDA und amerikanische Modelle) kann man den Stein einspannen und durch gewichtsmechanischen oder hydraulischen Vorschub selbsttätig absägen lassen.

Schlecht zu sägen sind u. a. Zirkon, Ne-

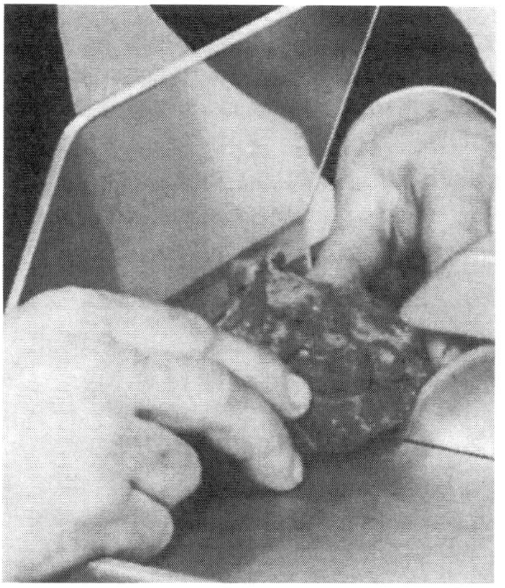

Abb. 38: Sägen an der Auflage

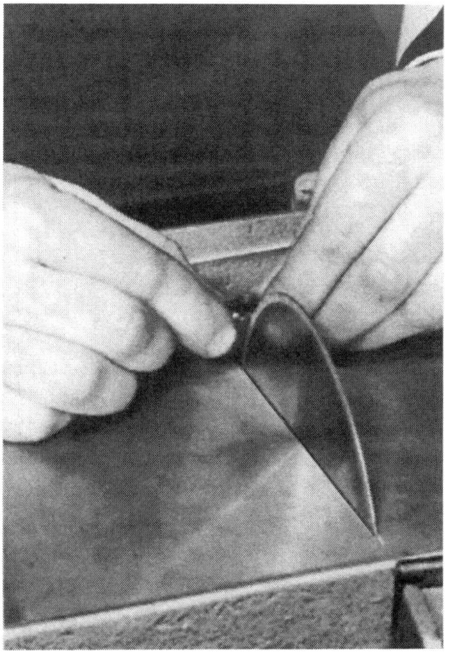

Abb. 39: Sägen zwischen den Fingern

phrit, Jadeit, Malachit und Idokras: Hier wird der Schnitt glasig, sehr langsam und überheizt das Sägeblatt. Abhilfe: reines Petroleum, gelegentliches Schärfen des Blattes durch Schneiden in **weiche** Ziegelstücke (mit dem Schraubenzieher muß man in den Ziegel leicht ein Loch bohren können oder alte Schleifscheiben). Für größere Materialquerschnitte müssen größere Sägen von 400 bis 1200 mm Ø verwendet werden. Solche Stücke bezieht man am besten fertig gesägt.

12 Bohren der Steine

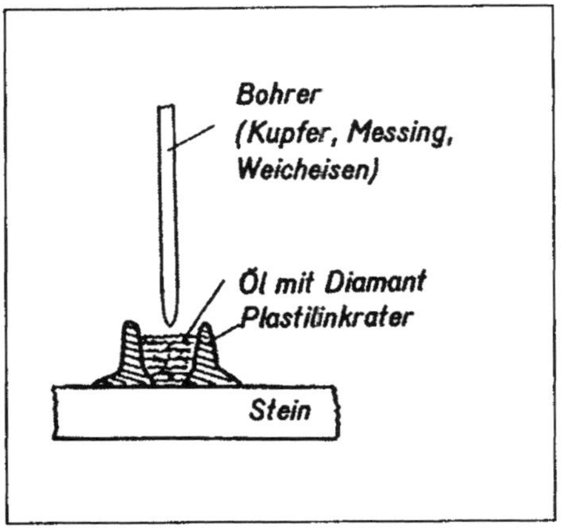

Abb. 40: Bohren der Steine

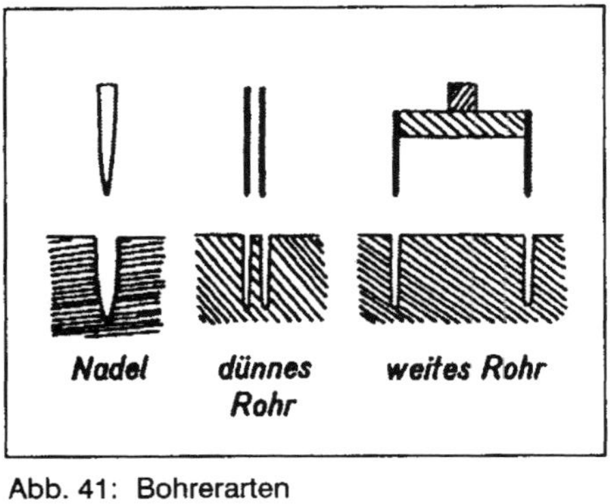

Abb. 41: Bohrerarten

Weiche Steine unter HM = 6 lassen sich mit einem Hartmetall-Mauerbohrer bearbeiten. Härtere Steine bohrt man mit Weicheisen-, Messing- oder Kupferstiften und Diamantpulver 40-60 μm in Öl bei ganz geringem Druck, fortwährendem Auf- und Niedersenken des Bohrstiftes. Der Stein soll gut eingespannt sein, damit er sich beim Bohren nicht verlagert. Das Bohrloch wird mit einem Plastillinrand wie ein Krater umgeben und mit Öl gefüllt, damit die Bohrstelle immer naß bleibt (Abb. 40). Die Drehzahl soll bei 1,5 mm Stiftdurchmesser ca. 5000 U/min betragen, bei feinen Rohrbohrern 2-3000 U/min, bei größeren Durchmessern 2000 und darunter nach Durchmesser. Größere Durchmesser für Ringe oder gar Schalen werden mit dünnwandigen Rohrbohrern, auch ausgeschnittenen Konservendosen und Diamantpulver gebohrt, Ringe mit zwei Rohrdurchmessern konzentrisch ineinander (Abb. 41) in einem Arbeitsgang. Es gibt auch Spezialbohrer mit eingebettetem Diamantpulver, mit diesem wird der Stein unter Wasser (niedr. Marmeladenglas) gebohrt. Alle Bohrarbeiten erfordern gegenüber Holz und Metallbohrungen erhebliche Geduld.

13 Das Anschleifen von Mineralien

Auch bei uns schon recht bekannt und beliebt ist das Sammeln von Mineralien. Viele Amateure lassen diese so, wie sie gefunden oder erworben wurden, andere schleifen und polieren sie auf einer Seite an. Zum Aufstellen der Steine eignen sich kleine Ständer aus Kunststoff (Abb. 42). Die Kunststoffstreifen sind in verschiedenen Farben und Breiten erhältlich und werden über einer Flamme in die gewünschte Form gebogen. Ebenso kann man Dünnschliffe herstellen, um diese zu mikroskopieren, zu photographieren oder als Originaldia an die Wand zu projizieren. Sehr kleine Stücke kann man dabei genau wie Cabochons (Abschnitte 1.–4.) behandeln, bei größeren Flächen ist dies aber schwieriger und vor allem zeitraubender. Hier verwenden wir besser die Facettenschleifeinrichtung mit einer durchgehenden Gußeisenscheibe (ohne Mittelloch) und „läppen" die Steine mit losem Siliziumkarbidkorn in der Reihenfolge der Körnungen (200) 400-800 (1200), bei mittleren Stücken schon mit 400 beginnend, bei großen mit 120 oder sogar 50 (60) oder dem abgeschliffenen Schleifkorn aus der Cabochoneinrichtung. Nach jeder Bearbeitung mit einer Körnung muß hier wieder alles **gründlich** gereinigt werden, da sonst immer wieder Kratzer vom zurückgebliebenen gröberen Korn entstehen (s. Abschnitt 7). Man sollte also immer eine Anzahl Mineralien zusammen schleifen, damit nicht jedes Mal geputzt werden muß. Wie in Abschnitt 7 beschrieben geben wir während des Schleifvorganges das Schleif-

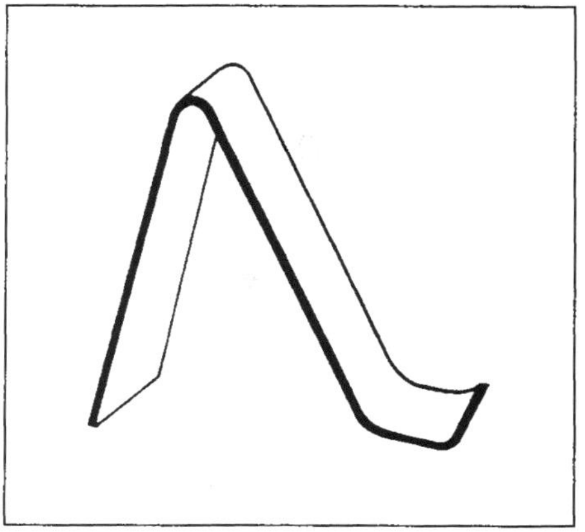

Abb. 42: Ständer zum Aufstellen von angeschliffenen Mineralien

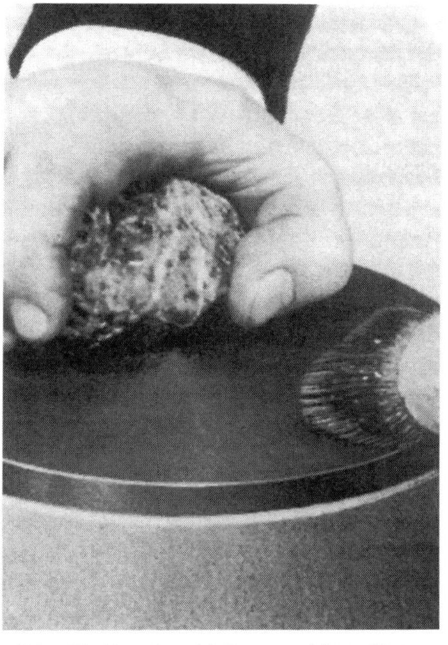

Abb. 43: Das Anschleifen von Mineralien

mittel zu. Damit die Scheibe flach bleibt und keine Wölbung bekommt, bewegen wir den Stein immer hin und her, schleifen bis zum Rande der Scheibe und über ihre Mitte hinweg, wo wir etwas länger als außen verweilen, da hier der Abrieb kleiner ist (Abb. 43). So lassen sich Steine bis etwa 8 x 8 cm anschleifen. Größere Flächen verlangen viel größere Scheiben und damit sehr teure Einrichtungen. Wenn man nur ganz gelegentlich Steine anschleifen will, genügt eine flache Eisenplatte, auf der man mit Schleifkorn die Steine unter kreisenden Bewegungen und starkem Druck „von Hand" schleifen kann. Das dauert gar nicht so lange (Abb. 31).

Poröse oder löcherige Mineralien sollten durch Tauchen in heißes Paraffin, mit Seife, Wasserglas oder Kunstharz abgedichtet werden, da sich in den Löchern Schleifkorn ansammelt und den nachfolgenden feineren Schliff oder die Politur zerkratzt. Später in heißem Wasser oder Benzin wieder reinigen.

Dünn vorgesägte Mineralplättchen für **Dünnschliffe** kittet man zur Verstärkung und zum besseren Halten auf einen anderen Stein oder ein Stückchen Holz und kann so freihändig schleifen. Wer es ganz genau machen will, kittet die Plättchen auf einen großen Stift eines Facettenschleifkopfes (Modell A oder B) und kann dann mit dem 45°-Adapter wie beim Schleifen der Tafel eines Facettensteines verfahren (s. 8. und Abb. 30). So lassen sich sehr exakte und gleichdicke Dünnschliffe herstellen und man kann so auch die Seitenkanten genau winkelrecht schleifen. Beim freihändigen Schleifen lassen sich größere Flächen leichter bearbeiten, als kleine, die leicht kippen und dann 2 Flächen anstatt einer zum Ergebnis haben. Hier muß man den Stein möglichst tief und nahe der Scheibe halten und darf wenig drücken. Eine beliebte Technik, besonders bei **Achaten** ist es auch, den Schleifdruck einmal gegen den einen Rand des Steines, dann gegen den anderen zu verlegen und so durch langsam wiegende Bewegung die zu schleifende Fläche leicht zu runden.

Wenn die Fläche mit Korn 800 oder 1200 feingeläppt ist, braucht sie nicht mehr gesandet zu werden. Hat man aber gut flachgesägte Stücke zu polieren, dann kann man diese gleich sanden und so das Läppen vermeiden. Hier muß der Druck natürlich hoch sein und die zu polierende Fläche muß auf der Poliertrommel oder Auflage der Bandschleifeinrichtung immer hin- und herbewegt werden, damit die Fläche nicht rillig wird (s. Abschnitt 3).

Eine falsche Politur kann man nun durch Anstreichen der feingeschliffenen Fläche mit farblosem Lack erzielen — bei einigen wenigen Mineralien die einzige Möglichkeit — solche Politur kann später auch wieder abgeschliffen und dann richtig poliert werden.

Beim **Polieren** auf einer Walze oder gewölbten Scheibe soll stets ein starker Druck ausgeübt werden. Dieser erzeugt naturgemäß Wärme, man muß also aufpassen, daß die Steine nicht überhitzt werden. Polieren wir erst die Randteile einer Fläche und zwar immer die vom Körper wegweisenden Teile, damit die scharfe Kante des Steines sich nicht in der Scheibe fängt und entweder die Scheibe beschädigt oder den Stein aus der Hand reißt. Zum Schluß die Mitte. Wir prüfen nun die Politur bei starkem

Licht von verschiedenen Seiten, möglichst auch mit der Zehnfachlupe.

Fast jeder gut vorgeschliffene Stein zeigt nach einigen Sekunden Polieren den ersten Glanz, wenn nicht, ist die Polierscheibe oder das Poliermittel falsch gewählt (vergleiche Abschnitt 10). Verschiedene Steine bekommen beim Polieren Löcher oder Riefen in der Oberfläche. Hier muß mit Holz- oder Lederscheiben poliert werden: Leder in Wasser einweichen, dann Wasser abschleudern und mit wenig Aluminiumoxyd oder Chromoxyd polieren, nur ganz wenig feucht halten, so, daß das Leder richtig „greift". Vorsicht! Stein öfters auf Wärme prüfen und erkalten lassen. Holzscheibe mit Zinnoxyd poliert fast alles und kann auch etwas feuchter sein. Bei vielen weichen Steinarten hilft auch eine Schwabbel-(Tuch)scheibe mit Wiener Kalk oder Bimspaste **trocken** angewendet.

Es gibt auch Leute, die mit alten Grammophonplatten oder Scheiben aus Hartfaser, Linoleum oder Plastikbodenbelag (Vinyl oder PVC) die allerbesten Hochglanzpolituren erzielen.

Wo das alles nicht helfen will, nehmen wir eine Holzscheibe und polieren mit feinstem Diamantstaub in Öl (0-2 μm), in winzigen Dosen auf der Scheibe verrieben.

John Willhammer aus Indiana hat folgende Methode entwickelt, die für fast alle Steinarten unter Härte 9, auch die besonders schwer polierbaren, wie Jade und Petoskeystein (fossile Koralle Hexagonaria) besten Spiegelglanz ergibt.

Ein Stück von **schwerem** Samt, Vorhang- oder Möbelqualität, **nicht** schmutzabweisend imprägniert, wird mit einer Filzzwischenlage auf der Stirnseite einer Holz- oder Metallscheibe aufgezogen. Die Noppen des Samtes halten mehr Poliermittel als andere Stoffe oder Filz fest und verteilen es besser, so daß dieses besser angreifen kann und eine wirklich hochglänzende Politur ergibt. Als Poliermittel wird hier Zinnoxydpulver verwendet, das in Wasser breiig angerührt und in solcher Menge aufgetragen wird, daß es den Raum zwischen den Noppen ausfüllt und bis in den Untergrund eindringt. Poliert wird nur feucht, nicht naß, die Drehzahl soll etwa 450 U/min betragen, mit festem Druck (1/2 – 2 1/2 kg). Der Stein wird nur langsam bewegt und an jeder Stelle ein paar Sekunden eingehalten. Wenn alles schon poliert ist, nochmals alles trocken überpolieren.

Die Drehzahl beim Polieren sollte 500 bis 1400 U/min nicht überschreiten, eine Ausnahme bildet die Schwabbelscheibe, die 1400 oder 2800 U/min laufen soll.

14 Das Trommelschleifen

Jährlich werden Tausende kleiner Trommelschleifmaschinen in Amerika an Amateure verkauft und Millionen Barocksteine damit geschliffen. Dies ist die bequemste Art, selbst Edelsteine zu schleifen, und die Maschine macht sich schon mit einer Füllung bezahlt, wenn Sie 200 Steine, für die Sie sonst im Laden 1-2 Mark das Stück ausgeben, geschliffen haben. Dazu brauchen Sie nur die rohen Steine in die Trommel einzufüllen, Schleifpulver und Wasser zuzusetzen und die Maschine einzuschalten, alles andere macht diese dann selbst. Für das Polieren wiederholt sich dieser Vorgang dann noch einmal und dann haben Sie schöne glänzende Steine in großer Zahl vor sich liegen, die allerdings unregelmäßig geformt, eben „barock" sind. Diese können Sie mit Draht fassen, zu Ketten zusammenfädeln, und zwar auch ungebohrt, denn das Bohren ist sehr zeitraubend: man kann mit UHU-plus Metallkappen mit Ösen ankleben, sie halten bestens. Man kann sie auch bohren lassen (der Verfasser vermittelt gern Adressen, wo man Steine schon ab 10 Pfenning pro Stück gebohrt bekommt). —

Abb. 44: Amateur-Trommelmaschine

Nun, ganz so einfach, wie oben beschrieben, ist das Trommelschleifen nun auch nicht und einige Regeln müssen schon beachtet werden. Auch ist einige Geduld erforderlich, bis die Steine fertig sind: 10 Tage bis drei Wochen dauert nämlich das Schleifen dieser Steine, eine Arbeit, für die das Meer oder ein Bach Jahrzehnte oder Jahrhunderte braucht, um aus den scharfkantigen, gebrochenen Steinstücken abgerundete Kiesel zu machen. Das ist der Erfolg der modernen Schleifmittel. Abb. 44 zeigt eine kleine Amateurtrommelmaschine. Die Trommel (Plastik- oder Hartgummidose) wird bis zu 2/3 ihres Fassungsraumes mit Rohsteinen gefüllt. Die ideale Füllmenge wäre die Hälfte, durch das fortschreitende Abschleifen der Steine vermindert sich aber ihr Volumen bis zum Schluß des Schleifganges auf 1/3. Als Schleifmittel geben wir dazu noch 6 Gewichtsprozent an Siliziumkarbid Körnung 400, dazu Wasser, bis die Steine gerade bedeckt sind, und eine kleine Menge Spülmittel, wie es im Haushalt gerade verwendet wird, bei Plastikdosen aber kein flüssiges, sondern pulverförmiges Spülmittel. Wir schalten nun die Maschine ein, geben auf jedes Trommelachslager einen Tropfen Öl, legen die Trommel auf die drehenden Wellen und lassen die Maschine 200-250 Stunden laufen. Jeden

Tag einmal öffnen wir nur den Verschluß, damit die sich bildenden Gase entweichen können. Dabei müssen wir aber darauf achten, daß kein Schleifmittel austritt und auf die Wellen oder gar Lager der Maschine kommt, sonst ist in Kürze alles zerstört.

Einzelne Steine, die nach dieser Schleifzeit noch nicht schön genug sind, geben wir zur nächsten Ladung nochmals dazu. Die Steine, die uns gefallen, können nun poliert werden. Nachdem Trommel und Steine äußerst sauber gewaschen sind — jedes Schleifkorn zerkratzt nämlich, wenn es in der Trommel zurückbleibt unzählige Steine —, kommen die Steine wieder in die Trommel, dazu etwa 5% eines billigeren Poliermittels, am besten Titandioxyd, als Titanweiß im Malergeschäft erhältlich, dazu wieder Wasser und Spülmittel. Vergißt man das Spülmittel, dann kriecht das Titanweiß in jede kleinste Ritze und färbt diese weiß. Das ist ein Vorteil, wenn man Steine zum Facettieren aussuchen möchte, sonst ein Nachteil. Einige Trommelschleifer verwenden beim Polieren außerdem noch Zusätze bis zu 25%,wie Hartholzwürfel, Kork, Leder, Sägemehl, Lehm, Nußschalen, Maiskolben, Korkmehl und alle möglichen Geheimrezepte, um bei empfindlichen Steinen das Stoßen aneinander zu mildern. Der Poliervorgang dauert etwa 20-50 Stunden, die Steine dürfen dann mit der Zehnfachlupe keine Kratzer mehr zeigen.

Hinweis: Man sollte jedesmal über Art und Menge der Steine sowie der Schleif- und Poliermittel und Zusätze buchführen, damit man die Methode schrittweise verbessern kann. Andere Autoren empfehlen einen Vorschliff mit einem gröberen Schleifkorn, 220, ja sogar Korngröße 60. Ein amerikanischer Amateur hat aber in Versuchen herausgefunden, daß mit Körnung 400 in der gleichen Zeit mehr Steingewicht abgetragen wird, als mit gröberem Schleifkorn. Auch hat er gefunden, daß die optimale Schleifmittelmenge 6% ist, verwendet man mehr Schleifmittel, dann wird der Abrieb wieder geringer. Beginnt man also gleich mit dem 400er Korn, dann spart man einen ganzen Arbeitsgang, mindestens 100 Stunden Schleifarbeit, das Auswaschen der Trommel und der Steine zwischen den beiden Schleifgängen und hat gleich feingeschliffene Steine, die man nicht erst umständlich prüfen muß, ob nicht Schleifkornreste vom ersten Arbeitsgang diese zerkratzt haben.

Steine mit Löchern und offenen Sprüngen sollten **nicht** in der Trommel poliert werden, da in diesen Vertiefungen auch beim Waschen Schleifkorn hängenbleibt und die schon polierten Steine wieder zerkratzt. Steine, die in der Trommel schlecht polieren, kann man von Hand leicht nachpolieren (siehe: Polieren von Cabochons). Man sollte immer nur Steine von annähernd gleicher Größe und Härte zusammen in die Trommel geben, sonst findet man die weicheren nicht mehr vor, weil sie restlos zerschliffen sind, während die härteren noch gar nicht fertig sind, oder die zähen Steine (Achate) zerschlagen die empfindlichen (Feldspat, Obsidian). Zwei oder drei größere Steine kann man aber zu einer Ladung kleiner zugeben, diese dürfen sogar flache Scheiben sein. Im allgemeinen sollten die Steine in den kleinen Maschinen nur etwa haselnuß- bis kirschgroß sein.

Besondere Steine:
Kryptokristalliner Quarz: Calzedon, Jaspis, Achat usw. Ihre Zähigkeit erfordert einen längeren Schleifgang. Nach 250 Stunden ist aber das Schleifkorn schon stumpf geworden, so daß man kurz ausspült und nochmals neues Schleifpulver einfüllt. —
Kristallquarz: Dieses neigt zu Sprüngen und Abplatzen kleiner muschelförmiger Plättchen oder Ecken. Man muß hier evtl. Zusätze wie beim Polieren verwenden.
Obsidian: Dieses billige und beliebte Material ist leicht zu schleifen, aber schwerer zu polieren. Es ist sehr brüchig und entwickelt winzige Sprünge. Zusätze — langsam polieren.
Feldspat: Schleift und poliert gut, ist aber etwas brüchig!
Turmalin und Beryll: Hart und zäh, gelegentlich etwas brüchig!
Rhodonit, Jadeit: Polieren in der Trommel viel besser als von Hand.
Weitere Anwendungsmöglichkeiten der Trommelmethode und Verfeinerung:
In der Trommel kann man eine größere Menge grob vorgeschliffener Cabochons feinschleifen und polieren, sogar Figuren. Viel Zeit wird auch gespart, wenn man die Rohsteine von Hand vorschleift, man kann dann auch ihre Form beeinflussen. In der Trommel kann man weiters Schmuckstücke (sogar mit Steinen) mit Sägespänen und Polierpulver (trocken) aufpolieren. —

---

15 Maschinen und Zubehör

Diese können selbstgemacht oder fertig bezogen werden, Selbstbau durch Umbau von Schleifböcken oder Schleiftransmissionen — Vorsicht! — nur vollkommen gekapselte Motoren (Schutzart P 33) verwenden, sonst dringt Wasser in die Wicklung ein, zerstört diese und man kann sich dann lebensgefährlich elektrisieren. Auch Kollektormotoren und Handbohrmaschinen sind ungeeignet, da sie keine stabile Drehzahl besitzen und den stundenlangen Dauerbetrieb nicht aushalten. Die Steinsäge kann man aus einer Holz- oder Metallkreissäge durch Untersetzen eines Blechtanks für die Kühlflüssigkeit und Anbau von Spritzschildern umbauen.
An fertigen Maschinen gibt es in Amerika eine große Auswahl und man kann diese auch von dort beziehen, doch werden sie durch Transport und Zoll sehr verteuert. Die einzelnen Schleifgeräte wie Cabochonschleif- und Poliereinrichtung, Facettenschleifeinrichtung oder Steinsäge sind dort getrennte Vorrichtungen **ohne Motor,** die jeweils durch einen besonderen Motor über Keilriemen angetrieben werden müssen.
Bei einer deutschen Neukonstruktion können dagegen **alle** Arbeiten auf **einer** Maschine mit einem Platzbedarf von nur 1/2 qm ausgeführt werden. Abb. 45 a zeigt die Maschine, auf der linken Seite eingerichtet zum Schleifen oder Polieren von Cabochons, rechts zum Schleifen oder Polieren von Facettensteinen. Die Biegwelle als weiteres Zusatzgerät dient zum schnellen Vorschleifen der Rundform beim Brillantschliff oder für kreisrunde Cabochons.

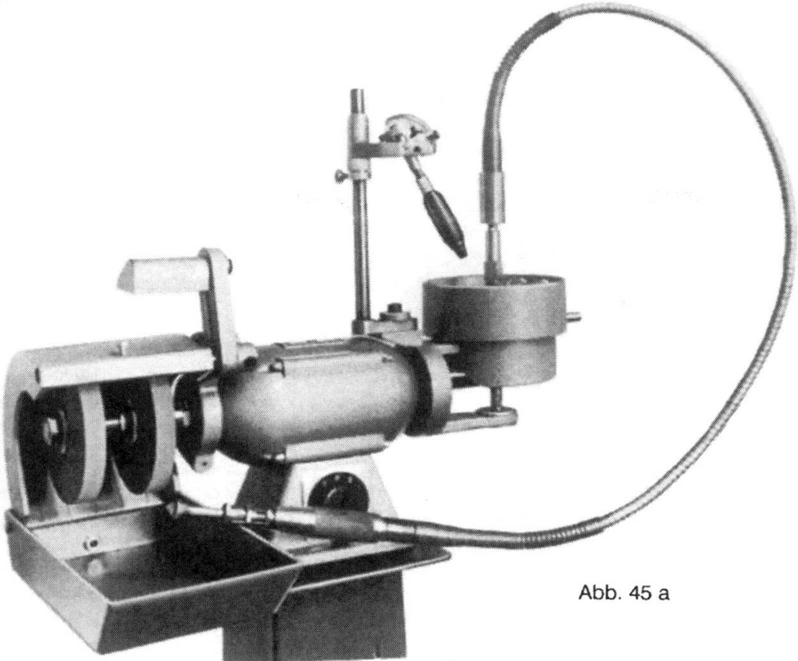

Abb. 45 a

Abb. 45 b zeigt die gleiche Maschine nach minutenschnellem Umbau, links eingerichtet zum Bandschleifen der Rundsteine, rechts zum sägen der Steine. Diese Zubehörteile können später nachgekauft werden, da zunächst ja Steine passender Größe geschliffen werden können.

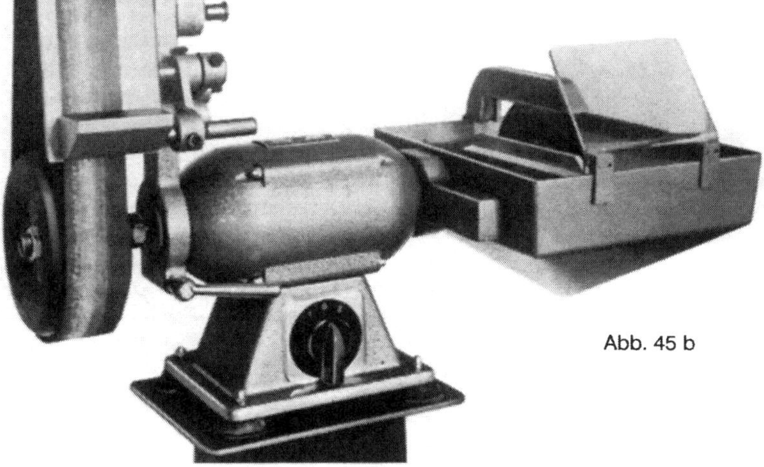

Abb. 45 b

Abb. 46:
Spezialvorgelege für vorhandene Motoren

Abb. 47:
„Lapida" –
Schleifmaschine

Abb. 48: „Lapida", gekippt
Zum Facettieren und Anschleifen von Mineralien und Dünnschliffen

Wer selbst schon einen passenden Motor besitzt, kann über Keilriemen und ein Spezialvorgelege (Abb. 46), jeweils 1 Zubehörteil wie oben betreiben. Für die einzelnen Schleiftechniken können die Maschinenteile nach und nach angeschafft werden. Eine sehr preiswerte Maschine ist auch die kleine „Lapida". Für relativ wenig Geld hat man eine komplette Anlage, einschließlich Steinsäge und allen notwendigen Schleif- und Poliermitteln, um die ersten Steine zu schleifen, der Motor ist hier wieder eingebaut (Abb. 47).

Mit den oben beschriebenen Vorrichtungen können Sie Steine von 1/100 Karat bis 2 und 300 Karat schleifen, die kleinsten etwa mit 1,2 mm Rondistdurchmesser, die größten mit etwa 50 mm Durchmesser. Für diese Extremgrößen braucht man natürlich besondere Stifte. Die kleinsten Facetten schleifen äußerst schnell und man kann hier schon mit 0-2 μm Diamantkorn in einem Arbeitsgang schleifen und polieren.

16 Entwurf eigener Facettenschliffe

Für den ehrgeizigen Hobbyschleifer gibt es drei ganz spezielle Wege um seinen Neigungen gemäß Steine zu facettieren: Der erste Weg ist der, sich die besten Rohsteinqualitäten zusammenzusuchen und diese in den konventionellen Schliffarten Brillantschliff oder Treppenschliff zu arbeiten. Es ist die zunächst einleuchtendste Art der Ausübung des Hobbys und zugleich eine Kapitalanlage.
Gelegentlich sollten aber auch Anhänger dieses ersten Weges einmal einen kostbaren Stein in einer attraktiven Fantasieform schleifen, wie dies in den nordischen Ländern heute schon öfter geschieht, um ein Optimum an Schönheit zu erzielen. Leider werden aber gerade die kostbarsten Steine immer wieder in die Uniform des Brillant- oder Treppenschliffs gepreßt, ohne Rücksicht auf die besondere Form des wertvollen Stückes. Dabei wird zuviel des kostbaren Materials weggeschliffen. Natürlich versuchen die Schleifer das Äußerste, um den Stein so groß wie möglich zu erhalten, aber die Standardform, in die er gezwungen wird, fordert ihm viel Gewicht ab. Man kann eben beim Brillantschliff nur 1/3 bis 1/4 seines Gewichts bewahren und muß alles andere wegschleifen. Bei Smaragdschliff kann man höchstens die Hälfte retten. Paßt man dagegen die Form dem Rohstein an, dann kann man viel mehr erhalten. Allerdings machen das auch die Inder beim sogenannten „Native Cut" und schleifen den Stein so, daß er möglichst schwer bleibt, doch legen sie die Facetten unregelmäßig an auf Kosten der Schönheit des Steins, sie lassen die Steine zu tief oder zu flach, je nach Form des Rohsteins, was auf Kosten der Brillanz geht. Durch exakte Sonderschliffe hingegen kann man Bedeutendes an Feuer und Leuchtkraft aus dem Stein herausholen, oder durch treppenschliffartiges Anlegen der Facetten die Farbe verbessern.
Ein zweiter Weg für Amateure ist es, nur Materialien von besonderer Seltenheit zu schleifen, oder solche, die nur selten facettiert werden oder besonders schwierig zu schleifen sind. So gibt es z. B. Leute, die Steinsalze oder Zuckerkristalle facettieren oder Mineralien, die beim leisesten Windhauch schon zerbrechen.
Der Amateur kann aber noch einen dritten Weg gehen und billigeres, reichlicher vorhandenes Steinmaterial, das er vielleicht selbst gefunden hat, in einer atemberaubenden Fülle neuer, besonderer Schliffarten gestalten, die unser Auge begeistern und auch aus Mineralien mit niedrigem Brechungsindex ein Feuerwerk hervorzaubern. In unseren Tagen der ständig steigenden Rohsteinpreise gibt es viele unter den Hobbyfreunden, die diesen Weg als den einzig befriedigenden für ein begrenztes Budget finden. Denn was ist besser? Ein feiner Stein in simplem Uniformschliff oder ein durchschnittliches Material aber verzaubert durch einen einfallsreichen Schliff, der fast unsere Vorstellungskraft übersteigt? Man wird schwerlich eine Antwort darauf

finden, die nicht vom persönlichen Geschmack beeinflußt wäre. Für diese Gruppe der Hobbyschleifer aber ist jeder klare und rißfreie Stein eine Aufforderung, aus ihm einen wirklichen „Edelstein" zu machen. Bergkristall, heller Amethyst, fahler Citrin, weißer Topas und Beryll in Pastelltönungen sind ihre Rohstoffe. Ein feiner Purpuramethyst oder gar ein guter Turmalin oder Aquamarin sind für sie schon ein Schatz, der gehütet werden muß, der aber auch den besten aller Schliffe verdient!

Versuch einer Systematik:

Folgen wir diesem dritten Weg, dann müssen wir, um bei der verwirrenden Vielfalt neuer und überhaupt möglicher Schliffe die Übersicht nicht zu verlieren und um die Reihenfolge und Lage der anzulegenden Facetten zu erkennen, ja um einen Stein schleifen zu können, den wir nur einmal gesehen haben und bei dem wir weder die Winkel noch Teiler seiner einzelnen Facetten kennen, das Schleifprinzip der einzelnen Schliffarten studieren, nach dem diese aufgebaut sind. Dieses Prinzip kann man, wenn es uns einmal bekannt ist, auf alle anderen Schliffe mit den verschiedensten Facetten- oder Eckenzahlen übertragen. Hat man also einen 4teiligen Schliff einer Art ausgeführt, so kann man denselben beispielweise auch leicht in 8-, 12-, 16teiliger oder jeder andersteiligen Ausführung schleifen. Ebenso zeigt uns eine Systematik der Schliffarten neue Schliffe auf, die noch nie oder nur selten versucht wurden. Wir können mit einer solchen also systematisch neue Schliffe entwerfen.

In einer solchen Ordnung müssen auch alle bisher üblichen Schliffarten einzureihen sein und es ist interessant zu sehen, an welcher Stelle unsere **Standardschliffarten** darin auftauchen. Versuchen wir also zunächst, die besonderen Charakteristika der einzelnen Schliffarten zu beschreiben.

I. Die reinen Schliffe

Haupt- oder Mittelfacetten definieren wir als Facetten, die — meist — von der rundiste bis zur Tafel oder Apex-Spitze oder Schneide des Steins im Unterteil reichen:
Rundist-, Rand- oder Gürtelfacetten als Facetten, die in Rundist-Gürtelnähe liegen; **Stern- oder Tafelfacetten** als Facetten, die in Tafel oder Apexnähe liegen.
Bei mehrstufigen Schliffen muß man für jede Stufe oder Reihe Haupt-, Rundist- und Sternfacetten definieren.
Wir definieren weiter: **Zwei Rundistfacetten rahmen eine Hauptfacette ein**, sie vierteln den Teilerschritt zwischen zwei Hauptfacetten. **Die Sternfacetten liegen zwischen den Hauptfacetten,** sie halbieren den Teilerschritt der Hauptfacetten.
Mit diesen Definitionen sehen wir uns nun die reinen Schliffarten an:
1. Den Treppenschliff: Alle Facetten haben **gleiche** Teilerindizes, haben die gleich Einstellung auf der Teilscheibe eines Facettenkopfes wie die Rundistkanten und liegen in Treppen-Reihen mit parallelen Kanten von der Rundiste gegen Apex oder Tafel. Die Winkel der einzelnen Treppen sind mit um 5–10 Grad größer werdender Steilheit nach

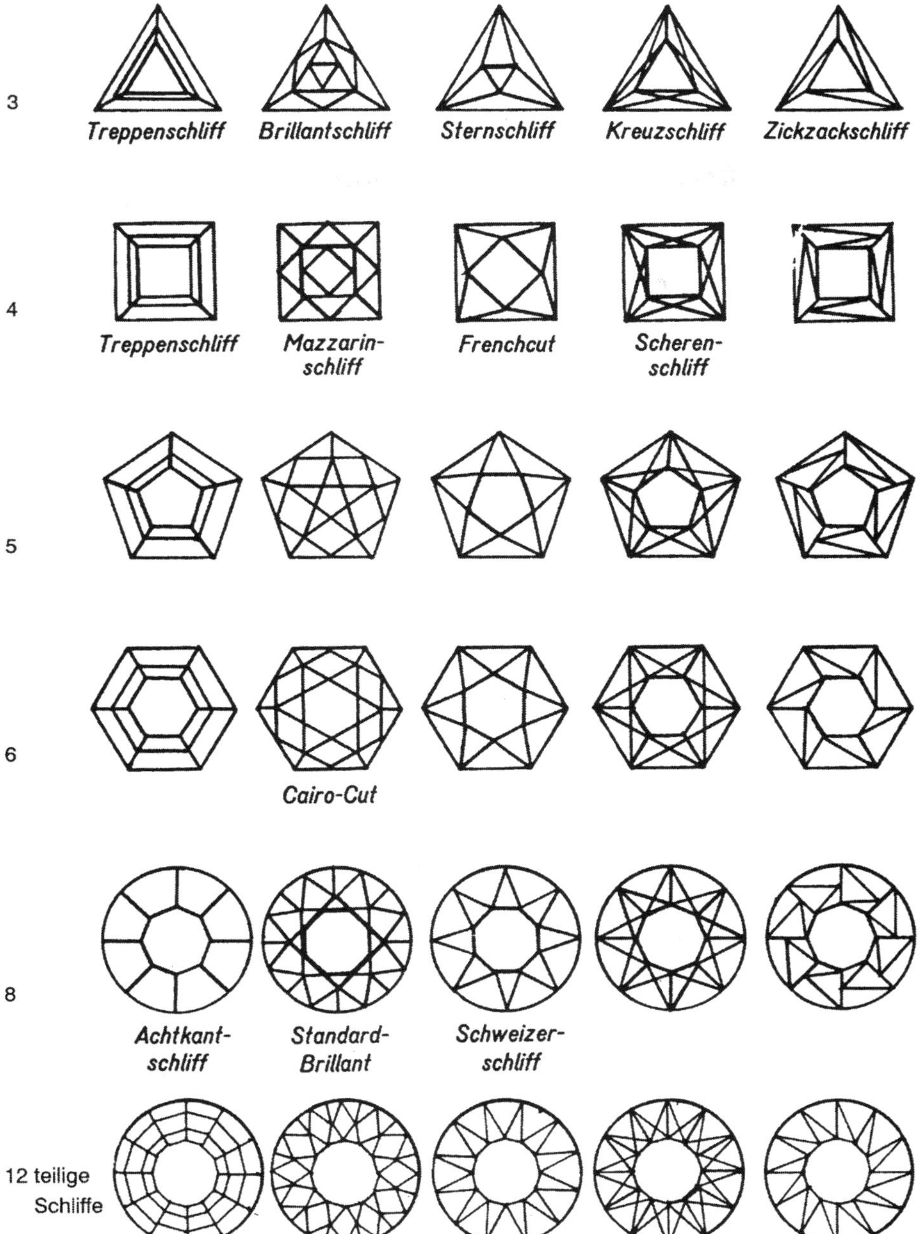

Abb. 49: Systematik der Schliffe

der Rundistebene zu geneigt. Die hauptsächlichste Facettenform ist das Trapez als entartetes Rechteck.

2. Der Brillantschliff: Unter diesem Begriff wollen manche nur den normalen runden Brillanten mit mindestens 57 Facetten und streng festgelegten Winkeln beim Diamant verstanden wissen. Im internationalen Sprachgebrauch ist es aber üblich, das besondere Schliffprinzip damit zu bezeichnen, das als sonderfall natürlich obigen Schliff beinhaltet, der dort als „Standardbrillant" bezeichnet wird. Wer dies aber nicht akzeptieren will, müßte die jetzt beschriebene Schliffart vielleicht als „Rautenschliff" oder „Netzschliff" bezeichnen: Die Facetten benachbarten Reihen haben abwechselnde, den Teilerschritt der ersten Reihe halbierende Indizes. Die Hauptfacetten liegen auf dem Teilerindex der Rundistkante. Die Rundistfacetten rahmen die Hauptfacetten ein, sie liegen auf 1/4 Teilung links und rechts neben den Hauptfacetten. Die Sternfacetten liegen teilermäßig zwischen den Hauptfacetten. Die hauptsächlichste Form der Hauptfacetten ist die Raute oder das symmetrische Viereck, die der Stern- und Rundistfacetten das Dreieck.

Beim Brillantschliff sind die Sternfacetten nicht unbedingt notwendig **(Schweizerschliff, Doppelschliff)** und im Unterteil meist auch nicht vorhanden, außer beim **Zirkonschliff.** Wenn ich aber sage, daß die Sternfacetten beim Brillant nur ein überlagerter Sternschliff sind und der reine Brillant ohne Sternfacetten geschliffen werden müßte, wird man mich steinigen, weil ich das „Maß aller Dinge" entthronen will. Zählen wir also die Sternfacetten mit zum Brillantschliff, aber vergessen wir nicht, daß es auch schöne Brillantschliffe ohne Sternfacetten gibt. Das eigentliche Brillantprinzip ist nämlich folgendes: Beim Treppenschliff liegen die einzelnen Stufen (Treppen) genau übereinander, während sie beim Brillantschliff jeweils zwischen der vorausgehenden Stufe, den Teilerschritt dieser halbierend, liegen und dadurch ein Rautenmuster ergeben, das allerdings erst bei den **Mehrfachschliffen** zur Geltung kommt. Zur Tafel hin ergeben sich dadurch (durch das Einschleifen der Tafel) halbe Rauten, Dreiecke, die man natürlich auch als Sternfacetten ansehen kann.

3. Sternschliff: Die Facetten haben **abwechselnde** Teilerindizes. **Die Sternfacetten sind zugleich Hauptfacetten** und liegen zwischen den Teilerindizes der Rundistkanten oder rahmen diese ein (Doppelsternschliff). Die Rundistfacetten liegen auf dem Teilerindex der Rundistkanten. Die hauptsächlichste Facettenform ist das Dreieck.

4. Kreuz- oder Scherenschliff: Die Hauptfacetten sind geteilt in 2 Dreiecke und rahmen den Teilerindex der Rundistenkanten ein. Die Stern- und die Rundistfacetten liegen auf dem Teilerindex der Rundistkanten. Die hauptsächlichste Facettenform ist das Dreieck bzw. sind kreuzende Dreiecke (geöffnete Schere).

5. Zickzack- oder Spiralschliff: Eine bei uns wenig bekannte Schliffart. Der Teilerindex der dreieckigen Facetten rahmt den Teilerindex der Rundistkanten ein, der Teilerunterschied ist aber oft weniger als 1/4 Teilung. Die Facettenkanten stoßen zickzackförmig aneinander. Bei mehrteiligen Schliffen entsteht der Eindruck einer Spirale.

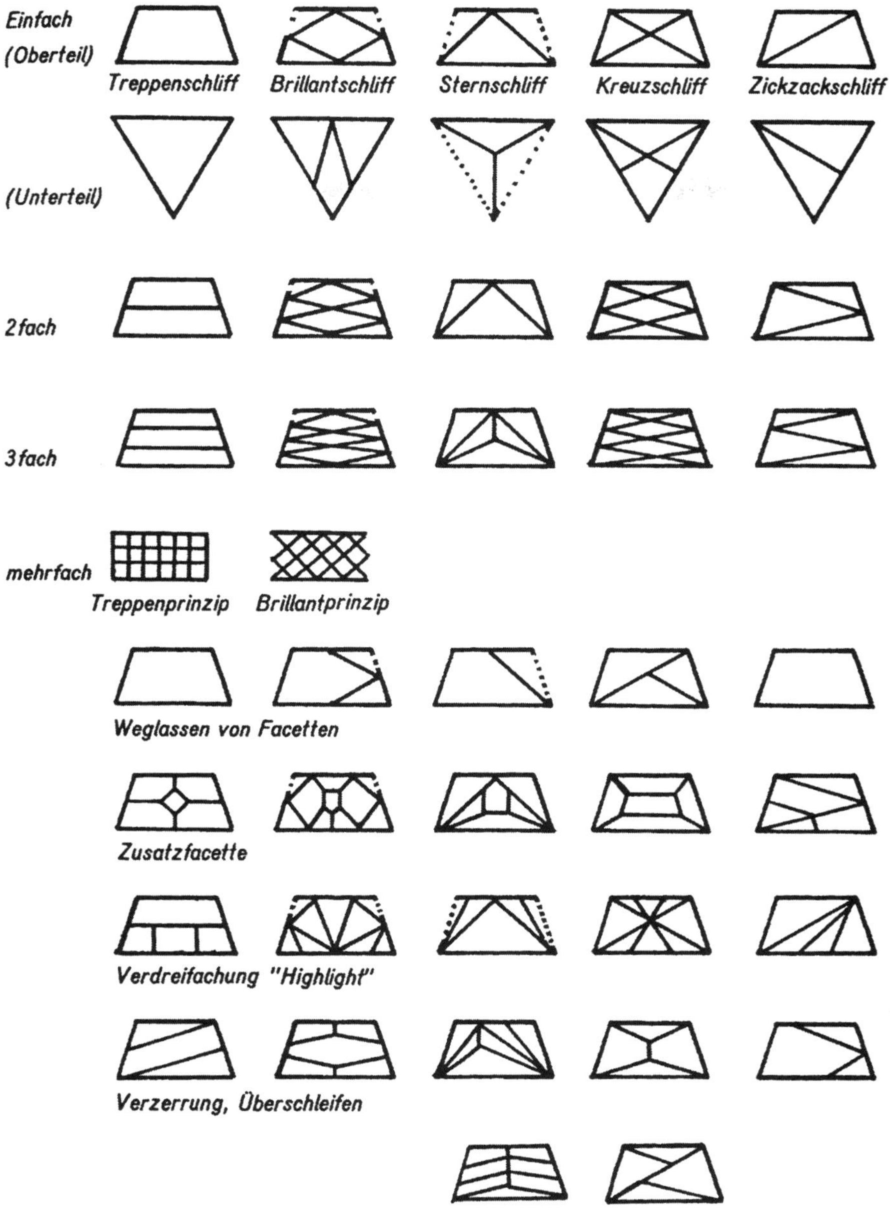

Abb. 50: Elemente der Facettenschliffe über eine Teilung

II. Mehrfachschliffe — Mehrstufige Schliffe:

Die oben beschriebenen Schliffarten lassen sich einfach oder mehrfach ausführen. Manche Schliffarten kommen dabei häufiger einfach, andere wiederum häufiger **mehrfach** vor.
So wird z. B. der **Treppenschliff** im **Unterteil** meist mit **dreifacher**, im **Oberteil mit zweifacher Treppe** geschliffen, es sind aber auch schon Schliffe mit einfacher Treppe ausgeführt worden z. B. auch ein Dickstein und auch der Acht-

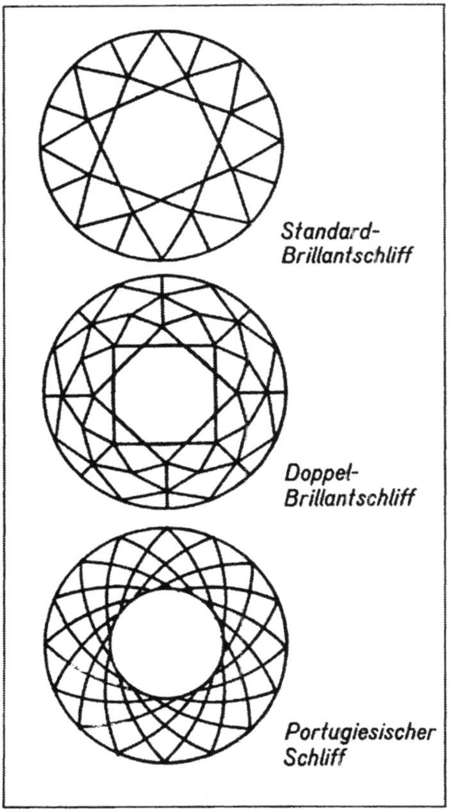

Abb. 51: Brillantschliff

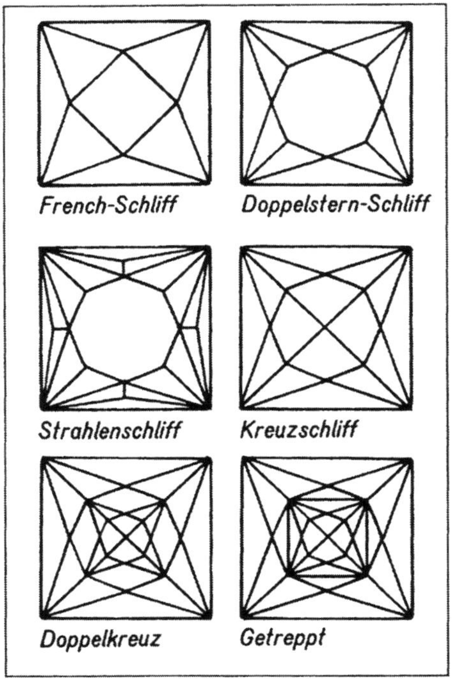

Abb. 52: Kreuzschliff

kant oder Einfachschliff ist ein einfacher achtteiliger Treppenschliff.
Der **Brillantschliff** kommt meist einfach vor, obwohl es natürlich Doppel- oder Mehrfachschliffe gibt (**Doppelbrillant**, Magnaschliff, **Portugiesischer Schliff** u. a.)
Der **Sternschliff** wird gleicherweise einfach (Frenchcut) als auch doppelt (Doppelstern) als auch **mehrfach geschliffen** (Strahlenschliff).
Der **Kreuzschliff** wird meist einfach, seltener **doppelt getreppt** geschliffen (gemischter Kreuz- und Treppenschliff), man kann ihn aber auch rein als **doppelten Kreuzschliff** anlegen.
Der **Zickzackschliff** wird ein- bis dreifach ausgeführt.

III. Gemischte Schliffe:

Neben den bisher gezeigten reinen Schliffarten, kann man diese miteinander kombinieren und erhält dann den gemischten Schliff oder „gemischten Schnitt". So kann man z. B. das Oberteil des Steines im Brillantschliff, das Unterteil im Treppenschliff anlegen und erhält so beim ovalen Stein den Ceylon- oder orientalischen Schliff. Der sogenannte Frenchcut ist ein quadratischer Stein mit einfachem Sternschliff im Oberteil und Treppenschliff im Unterteil. Man kann aber auch im Ober- oder Unterteil 2 oder mehr verschiedene Schliffarten miteinander kombinieren (z. B. **Lady-Bird-Cut**-Oberteil-Zickzack und Zusätze, Unterteil Sternschliff und Treppenschliff).

Die einfachste Kombination ist die eines Brillantschliffs mit einem Treppenschliff, wodurch mehrstöckige Schliffe entstehen, die aber etwas antiquiert wirken. Reizvoller sind schon Kombinationen der anderen Schliffarten, z. B. Sternschliff-Treppenschliff **(Juliana Cut).**

Man kann übrigens im Oberteil jeder Schliffart wie beim Brillant zusätzliche Sternfacetten anbringen, beim Treppenschliff ist das aber bisher nicht üblich, er geht auch dadurch sehr leicht in den Sternschliff über.

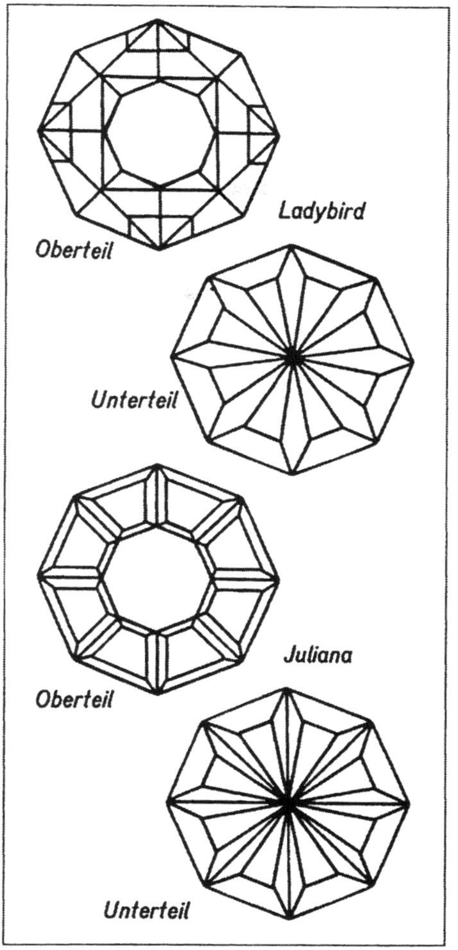

Abb. 53: Gemischte Schnitte

Einem aufgezeichneten Schliff kann man es aber nie genau ansehen, was er am fertigen Stein wirklich zu leisten imstande ist, dazu muß man ihn schon wirklich schleifen, um seine ganze Schönheit ermessen zu können. So läßt z. B. der Variation-Cut anhand der Zeichnung nicht erkennen, wie wunderschön er in Wirklichkeit ist und andere können enttäuschen, die graphisch perfekt erscheinen. Gemischte Schliffe sind auch solche, die im Unterteil Facetten, im Oberteil wie ein Cabochon nur eine runde Wölbung haben. Diese wirkt durch ihre Krümmung wie eine optische Linse und vergrößert oder verzerrt das Bild der Unterteilfacetten beim Blick in den Stein.

Aufbau der Schliffarten aus dem Einfachschliff:

Alle fünf vorher beschriebenen Schliffarten lassen sich aus dem einfachen Treppenschliff ableiten. Daraus kann dann die Reihenfolge der anzulegenden Schliffe abgelesen werden:

1. Schliff Unterteil: Dieser wird auf dem Teilerindex der Rundistkante eingeschliffen und zwar beim Treppen- und Brillantschliff mit dem nach Tabelle empfohlenen Winkel, beim Stern- und Kreuzschliff mit einem etwa um 6° vergrößerten Winkel, beim Zickzackschliff je nach Anzahl der Stufen um ca. 7° mehr, so daß die apexnahen Facetten nicht unter den Tabellen- oder kritischen Winkel kommen. Im Oberteil kann meist der Tabellenwinkel für die rundistnahen Facetten genommen werden.

2. Schliff Treppenschliff: Dieser wird auf dem gleichen Teilerindex wie Schliff 1 mit einem um 20° (10°) erhöhten Winkel ausgeführt, der erste Wert für hellere Steine, die farblich verbessert werden sollen, der zweite für dunkle oder im Rohmaterial flache Stücke. Im Oberteil wird der Winkel um den gleichen Betrag **verkleinert.**

Brillantschliff: Im Unterteil wird der zweite Schliff (Rundistfacetten mit um ca. 1½° vergrößertem Winkel auf einem um 1/4 links und rechts von der Hauptfacette (1. Schliff) versetzten Teilerindex in der doppelten Facettenzahl gegenüber Schliff 1 eingeschliffen.

Im Oberteil werden als 2. Schliff die Sternfacetten in gleicher Zahl wie Schliff 1 mit um 15° **verkleinertem** Winkel (beim 8teiligen Schliff — Standardbrillant — bei andersteiligem Schliff selbst zu ermittelndem Winkel) eingeschliffen. Der Teilerindex dieses zweiten Schliffes liegt in der Mitte zwischen zwei Facetten des ersten Schliffs, er halbiert den Teilerschritt der Hauptfacetten.

Sternschliff: Der zweite Schliff wird hier mit den in der Tabelle angegebenen Winkelwerten im Unterteil genau zwischen dem Teilerindex der Facetten des ersten Schliffes in gleicher Facettenzahl ausgeführt, im **Oberteil** mit etwa um 7° verkleinertem Winkel, diese Zahl als Anhaltspunkt für die erste Schleifprobe.

Doppelstern: Die Verdopplung der Hauptfacetten, hier zugleich Sternfacetten erfordert einen Teilerindex, der 1/4 Teilung links und rechts neben dem 1. Schliff liegt. Winkel nach Tabelle.

Zickzackschliff: Hier muß der Teilerindex und der Winkel ausprobiert werden. Er liegt je nach Stufenzahl mit um ca. 7° verkleinertem Winkel und etwa einem Teilzahn links oder rechts vom ersten Schliff.

3. Schliff Treppenschliff: Beim dreiteiligen Treppenschliff wird im **Unterteil der dritte Schliff** zweckmäßigerweise zwischen Schliff 1 und Schliff 2 auf den gleichen Teilerindex eingeschliffen. Der Winkel ergibt sich aus den Dimensionen des Steins und liegt nicht genau zwischen den Winkeln von Schliff 1 und 2, aber so, daß alle drei Facetten gleich breit werden. Damit ergibt sich zugleich eine optimale Steinausnützung und eine Annäherung der Reflektorform des Unterteils an eine Parabel, damit optimale Reflexionseigenschaften des Steins. Im Oberteil werden meist nur 2 Facettenreihen geschliffen, sonst gilt auch hier das Gleiche wie im Unterteil.

Brillantschliff: Nur im Oberteil werden jetzt noch die Rundistfacetten in der doppelten Anzahl und mit einem um 5-6° vergrößerten Winkel und 1/4 versetztem Teilerindex (links und rechts neben Schliff 1) geschliffen.

Mehrfachstern (Dreifachstern): Der Teilerindex und der Winkel für diesen Schliff müssen von Fall zu Fall ermittelt werden. Als Anhalt sei angegeben 1/8 Teilung und ein zwischen 1–4° vergrößerter Winkel. Die Facettenzahl ist die doppelte wie bei Schliff 1.

Kreuzschliff: Entsteht aus dem Doppelsternschliff durch eine in Apex, bzw. Tafelnähe auf dem Teilerindex der Rundistkante zusätzlich eingeschliffene Sternfacette. Der Winkel wird hier um ca. 5° im Unterteil, ca. 16° im Oberteil **verkleinert,** doch muß das für verschiedene Teilerzahlen ausprobiert werden.

Zickzackschliff: Hier gilt das Gleiche wie bei Schliff 2. Der richtige Teilerindex kann hier aber der Gleiche sein wie bei Schliff 2 oder Schliff 1 d. h., es sind 2 Varianten möglich.

Abb. 54: Aufbau der Schliffarten

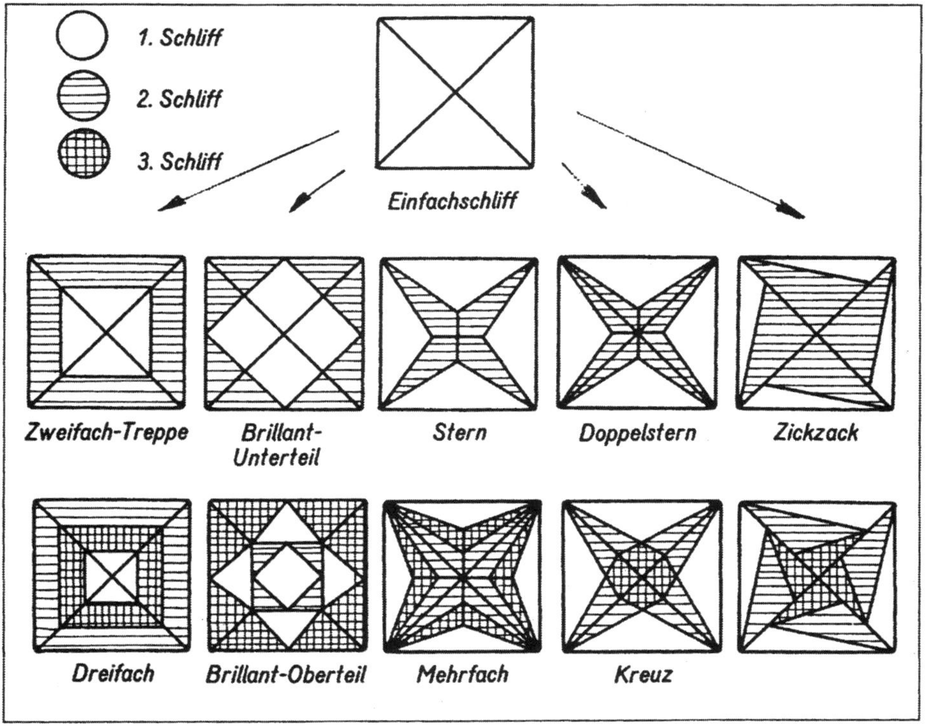

Schlifformen:

Wenn auch heute Ring- oder Anhängersteine die überwegende Mehrheit aller Facettenschliffe aus machen und selbst der Rosenschliff fast schon in Vergessenheit geraten ist, da man selbst Granaten im Brillantschliff oder Treppenschliff ausführt, so wollen wir doch die Vielzahl der früheren Formen nicht vergessen und wenn wir können, diesen wieder zu einer neuen Blüte verhelfen. Auch Formen wie Briolet, Pampel oder Oliven können wir vielleicht dadurch wieder attraktiv machen, daß wir sie in einer neuen, sehr modernen Schliffart ausfühern, ihre Proportionen verbessern, dadurch von ihrer antiquierten Erscheinungsform befreien und aus ihrem Dornröschenschlaf erlösen. Wollen wir also einmal das Vorhandene oder Gewesene aufzählen:

1. Steine mit kreisförmigem Querschnitt: Achtkant (Einfachschliff), Sternschliff (Doppel- oder Schweizerschliff), Brillantschliff, runder Treppenschliff, 6-, 8-, 10, 12-, 16teilige Schliffe.

2. Eckiger Steinquerschnitt: Treppenschliff, Smaragdschliff, Sternschliffe, 3-, 4-, 5-, 6-, 8eckige Schliffe, Trapez, Baquette, Kaliber Obus, Navette, Schiff, Raute, Drachen, Schlußstein, Stundenglas u. a.

3. Ovaler, Markisen- oder birnförmiger Querschnitt, Halbmond, Tropfen, Herz usw.: Teilungen wie beim kreisrunden Schliff.

4. Rosenschliff, auch Doppelrosen und Halbbrillanten: Brillant-, Treppen- oder Sternschliff 4-, 6-, 8teilig.

5. Briolet, Pampel, Olive, Pendeloque: Brillant und Treppenschliff, Teilungen wie rund.

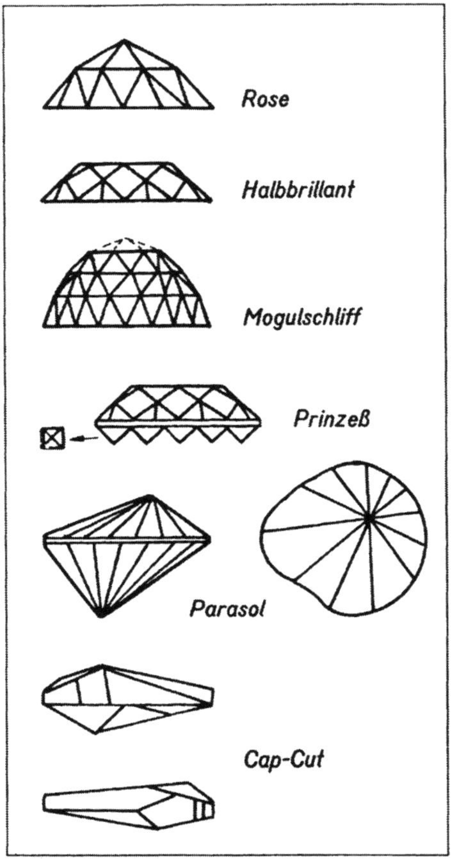

Abb. 55: Schlifformen

6. Facettierte Kugeln: Brillant und Treppenschliffe. Colorant (Elbe).

7. Flach oder Tafelschliffe, eckig oder rund.

8. Antike Schlifformen wie **Mogulschliff,** ähnlich dem berühmten Großmogul, in Persien häufig zu finde, mit flacher Unterseite, Facetten im Oberteil mit oder ohne Tafel. Damals waren die Steine viel formenreicher als heute und nur der unregelmäßige und mangelhafte Schliff hindert uns daran, sie für unseren modernen Schmuck zu akzeptieren. Amateure können auch diese Schliffe kopieren, auch die der berühmten älteren Diamanten.

9. Prinzesschliff von Arpad Nagy: Ein Brillantschliff mit niedrigem profiliertem Querschnitt im Unterteil um Steinmaterial zu sparen, etwas für Spezialisten. Hierher gehört auch eine kürzlich zum Patent angemeldete Erfindung, durch zwei kleinere Steine einen größeren zu simulieren.

10. Cap-Cut oder Bastard-Cut: Eine Schlifform ohne System und Regel für modernen Schmuck. Sowohl die Form als auch die Schliffart sind unregelmäßig und systemlos.

Entwurf eigener Schliffe

Wir sollten nicht nur Standardschliffe kopieren. Wir wollen in das weite Feld der Fantasieschliffe eindringen und zeigen, daß uns auch die schwierigsten und schönsten Schliffe keine Probleme bringen.

Wir sollten aber auch selbst schöpferisch tätig sein und für unsere Steine eigene Schliffe entwerfen. Gehen wir weg vom Uniformismus der Edelsteinschliffe, schaffen wir uns unsere eigenen, individuellen Formen, so daß wir unsere Steine unter Tausenden als die unseren erkennen können. Jeder soll seinen eigenen Stein mit dem von ihm selbst entworfenen Schliff tragen. So wie Kunstwerke unverwechselbar sind können es auch Edelsteine sein. Die Möglichkeiten dazu sind nahezu unbegrenzt, so daß sich nicht zwei Steine gleichen müssen.

Dazu bieten sich uns an:

1. **Schliffe durch Teilen — Verdoppeln der Hauptfacetten :** Teilen wir z. B. beim Standardbrillant **die Hauptfacette in zwei gleiche Hälften,** um eine Indexnummer vom Teiler der normalen Hauptfacette links und rechts verschoben, beim Teiler 64 also 63 und 1, so erhalten, wir einen neuen Schliff mit mehr Brillanz als der übliche.

2. **Schliffe durch Hinzufügen von Facetten:** Zu einem bekannten Schliff können neue oft unerwartete Wirkungen erzielt werden. So gibt z. B. das Hinzufügen von 8 zusätzlichen Rundistfacetten dem Standardbrillant ein ganz besonderes Feuer. Diese Schliffart wurde **Highlightschliff genannt.**

Dieses Schleifprinzip „aus zwei mach drei" kann man auf alle Facetten anwenden, auf Haupt- oder Sternfacetten und hat so wiederum eine reizvolle Möglichkeit, unsere Facettenschliffe zu verschönern.

Weiter kann man auf den Berührungspunkt der Sternfacette mit dem Rundistfacetten eine neue Facette setzen, die 6eckig wird und dem Stein ein neues Aussehen gibt **(Jubilee-Cut).**

Auch die Wirkung der Effekt- oder Phantomschliffe beruht in hohem Maße auf der gezielten Anordnung solcher zusätzlicher Facetten.

3. **Schliffe durch Weglassen von Facetten:** Auch dadurch kann man das Aussehen eines Standardschliffs verändern und nicht immer sind die Steine am Schönsten, die die größte Anzahl von Facetten haben. So kann man z. B. beim Brillantschliff **jeweils die linke oder rechte** der paarweisen **Rundistfacetten weglassen** und erhält wiederum einen neuen Schliff.

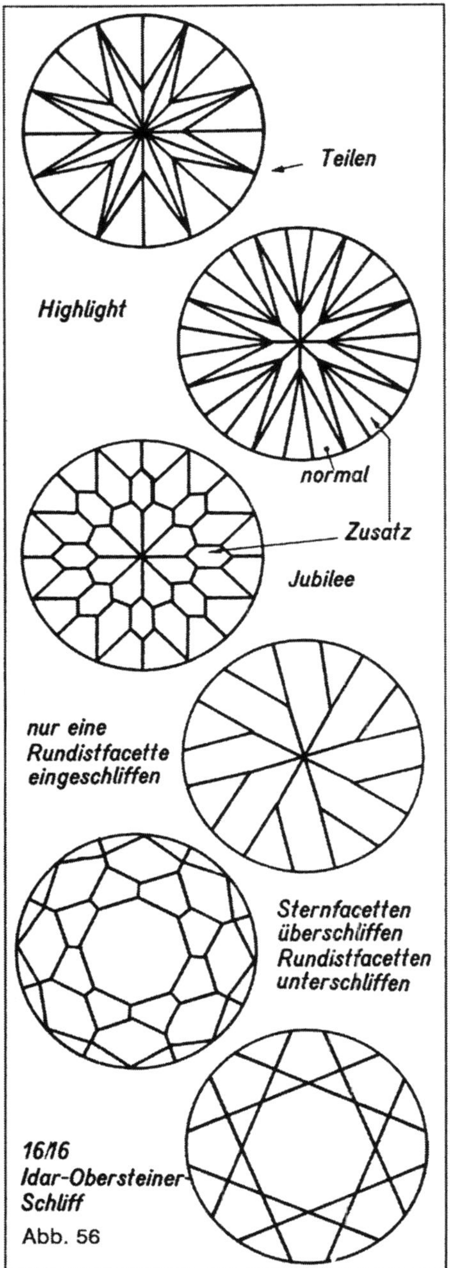

Abb. 56

4. **Schliffe durch teilweises Schleifen einzelner Facetten:** Man kann z. B. die Rundistfacetten beim Brillantschliff nicht ganz bis zur Berührung mit den Sternfacetten schleifen. Auch beim **sogenannten Idar Obersteiner Sternschliff** sind die Rundistfacetten nicht bis zur Berührung miteinander ausgeschliffen.

5. **Schliffe durch Überschleifen von Facetten:** Schleift man eine Facettenart am ganzen Umfang des Steins regelmäßig zu groß, ergeben sich wieder neue Wirkungen. Als Beispiel für eine Kombination aus teilweisem Schleifen und Überschleifen ergibt sich aus dem Standardbrillant eine **Art Rosenknospe.**

6. **Schliffe durch Kombination verschiedener Schliffarten:** Gemischte Schliffe: 120 verschiedene Schliffarten sind möglich bei der vorher gezeigten Schleifsystematik Abb. 49, wenn man jeweils verschiedene Schliffarten im Ober- und Unterteil bei gleicher Teilerzahl wählt. Viel mehr werden es, wenn man in Ober- oder Unterteil mehrere und verschiedene Schliffarten kombiniert.

7. **Neue Schliffe durch Fehler:** Wenn Sie einmal beim Schleifen einen Fehler machen, eine Facette oder einen Winkel falsch einstellen, müssen Sie nicht unbedingt den ganzen Stein nachschleifen oder gar wegwerfen. Überlegen Sie, wie Sie durch regelmäßige Wiederholung des Fehlers am Umfang des Steins einen neuen Schliff erhalten können.

Es müssen auch durchhaus nicht, wie bisher verlangt wurde, die Facettenkanten von Ober- und Unterteil genau zusammenpassen. **Elbe** hat nachgewiesen, daß im Gegenteil die Brillanz des Steins erhöht wird, wenn **„auf Lücke"** geschliffen wird, d. h. wenn die Rundistkanten des Oberteils auf die Mitte der Facetten des Unterteils fallen. Dadurch wird ein mehr räumlicher Verlauf des Strahlenganges im Stein erreicht und günstigere Reflexionswinkel erhalten.

8. **Schliffe durch Teileränderung: Man kann z. B. bei einem Treppenschliff** an der Spitze des Unterteils mit einem 4teiligen Schliff anfangen, in der nächsten Reihe auf 8teilig, der übernächsten auf 16teilig übergehen, oder man schleift 3-, 6-, 12-, 24teilig.

Hierher gehören auch die Schliffe mit **ungradzahligem** Teiler, wie sie uns **Elbe** als besonders günstig für die Brillanzwirkung angibt: Schliffe mit 11-, 13er Teilungen bei denen auch wieder räumliche statt flächenhafte Lichtwege auftreten.

9. **Schliffe durch Änderung der Querschnittsform des Steins oder des Größenverhältnisses der Facetten zueinander:** Bei niedrigteiligen, 3-, 6teiligen Schliffen läßt sich die Form des Steins und der Ausdruck des Schliffes durch die Änderung des Rundistquerschnittes stark beeinflussen. In der vorher gezeigten Systemtafel wurde jeweils die idealisierte Querschnittsform für ein bestimmtes Teilverhältnis der Hauptfacetten zugrundegelegt ohne zu berücksichtigen, daß diese durch die Rundistfacetten nochmals gebrochen wird, beim 4teiligen Brillantschliff also das Quadrat. Diesen Stein kann man aber sowohl als nur angedeutetes Achteck, als auch als reines Achteck und sogar als Kreisform schleifen. Dabei ändert sich jedesmal der Charakter des Schliffs, weil sich damit auch das Größenverhältnis der einzelnen Facetten zueinander ändert.

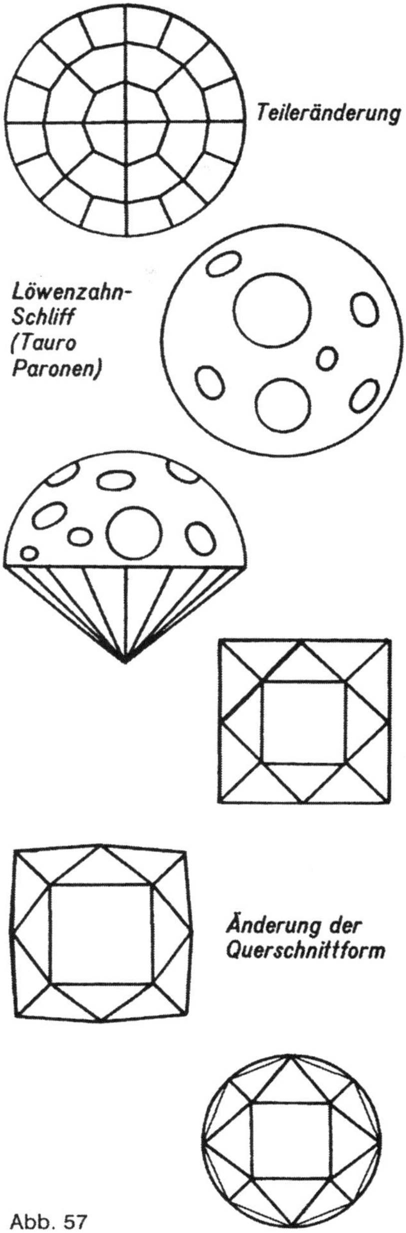

Abb. 57

10. **Neuschliffe:** Nehmen Sie Bleistift und Papier sowie eine Zeichenschablone zur Hand und zeichnen Sie verschiedene Schliffbilder. Nicht alles, was man zeichnen kann, ist auch schleifbar, doch vieles ist möglich. Überlegen Sie, welche der 5 gezeigten Schliffarten Ihrer Zeichnung nahestehen könnte und wie Sie daher den Schliff aufbauen können. Vielleicht fällt der Schliff ein wenig anders aus als in Ihrer Zeichnung, aber es ist auf jeden Fall ein neuer Schliff.

Auch in dem Buche von Meyer „Brillanten und Perlen" wird der Entwurf möglicher neuer Brillantschliffe nach der Vernetzungsmethode eines beliebigen n-Ecks und Auswahl der zu verwendenden Maschen gezeigt. Meyer bezeichnet allerdings jeden Facettenschliff als Brillanten, das ist eine zu weite Auslegung des Begriffes. Lösen Sie sich aber nun rechtzeitig vom schematischen Schleifen nach angegebenen Winkeln und Teilerindizes, schleifen Sie frei nach Gefühl und Versuch. Sie sind jetzt frei — ein Meister der Facettierkunst!

11. **Schliffe durch Stehenlassen runder Facettenteile:** Man kann einen rund ebauchierten Stein zuerst polieren und auf diesen dann einzelne Facetten anschleifen, die sich gegenseitig nicht berühren, so daß dazwischen immer kleine sphärische Teilflächen stehenbleiben. Stellt man zuerst eine polierte Kugel her, schleift die erste Hälfte davon als Unterseite im Achtkant oder Brillantschliff setzt auf die Oberseite kleine kreisförmige Facetten in unregelmäßiger Verteilung und Größe, dann bekommt man den **Löwenzahnschliff von Tauro Paronen**, Helsinki (Abb. 57).

12. **Schliffe mit konkaven Flächenstücken:** Aus Brasillien kommen Schliffe, bei denen nicht ebene Facetten, sondern eingravierte konkave Höhlungen zu einem Schliffbild geformt sind, wodurch der Stein ein besonderes Aussehen bekommt. Man kann auch diese konkaven Flächen mit ebenen Facetten abwechseln.

13. **Aus dem Schliffmuster kann man nun auch die althergebrachte Form der Steine ändern, die überlieferten Formen sprengen:** So könnte man z. B. Steine von annähernd dreikantigem Querschnitt machen, die von jeder der drei Seiten betrachtet Totalreflexion ergeben. Schleift man nun jede der drei Seiten in einer anderen Schliffart, so verändert durch drehen der Stein jedesmal sein Aussehen. Man kann auch in die drei Kanten verschiedene Gravuren einbringen, die dann durch den Stein betrachtet, verschiedene bildmäßige Effekte geben.

14. **Effekt- oder Phantomschliffe:** Beim Entwurf eines neuen Schliffbildes kann man nicht immer voraussehen, wie der fertige Schliff wirken wird. Oft entstehen im Innern des Steins besondere Lichteffekte und Muster, die aus den graphischen Schliffbildern der Ober- und Unterseite nicht zu erklären sind, da sie aus dem Zusammenwirken beider Hälften des Steines entstehen. Dieser Effekt gibt dem Experimentierfreund die reizvollsten Möglichkeiten, in den Stein Phantome, von schönsten Blüten und Sternformen, Kreuze, ja sogar fast naturgetreue Schmetterlinge mit Fühlern, Beinen usw. hineinzuzaubern (Abb. 58).

Man kann nämlich Schliffe machen, bei denen die Facetten in Ober- und Unterteil entweder parallel, **gleichsinnig lau-**

fen (passen) oder **sich kreuzen (mischen).** In beiden Fällen erhalten wir völlig andere Effekte und ein anderes Aussehen des Steins. Zweitens kann man durch Schleifen einiger Facetten des Unterteils in einem kleineren als dem kritischen Winkel, besondere Effekte erzielen. Die Facetten lassen dann bekanntlich Licht durch, so daß sie im sonst spiegelnden Stein dunkle Muster ergeben.
Besonders empfänglich für solche Effektschliffe sind der Sternschliff und der Strahlenschliff (Mehrfachstern) im Unterteil, kombiniert mit anderen Schliffarten im Oberteil, das dann meist sehr flach ist, oft gar keine Tafel hat. Diese Effektschliffe sind noch ein weites Niemandsland und hier kann noch vieles endeckt werden.

15. **Elbeschliff:**

Einen neuen Schliff mit besonderer Schmuckwirkung beschreibt uns M. Elbe in einer neueren Arbeit und evolutioniert damit geradezu unsere bisherigen Erfahrungen über Edelsteinschliffe. Neben seinen Anregungen, das Ober- und Unterteil „auf Lücke" zu schleifen und nicht wie bisher gefordert, auf Passung, seiner Verwendung ungradzahliger Teiler (Imparianten) statt der bisherigen 8teiligen Schliffe (Parianten) zur Erzielung eines räumlichen Lichtweges im Stein und damit verbesserter Farbstreuung, zeigt er uns, daß unsere bisherige Wahl der Facettenwinkel und damit der Steinproportionen eigentlich sehr unklug war und daß wir dadurch erstens sehr viel Licht für die Schmuckwirkung unseres Steins verschenkt und zweitens sehr viel an kostbarem Steinmaterial weggeschliffen haben.

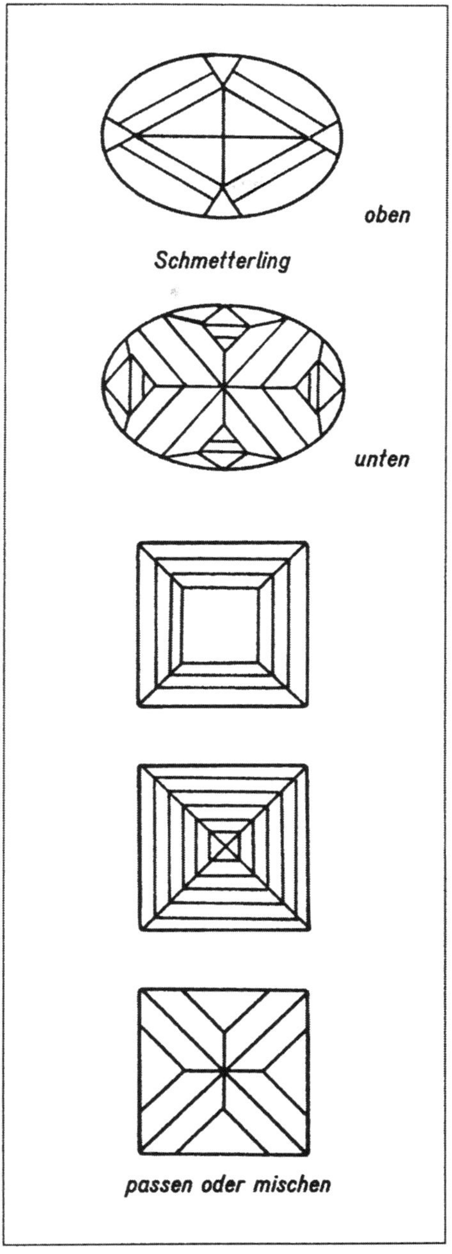

Abb. 58: Effekt- oder Phantomschliffe

Einige der bisherigen Berechner der idealen Brillantform (und das gilt natürlich auch für die anderen Schliffe) hatten nämlich immer nur das senkrecht auf die Tafelebene einfallende Licht in ihre Überlegungen einbezogen. Dieses sollte möglichst vollständig reflektiert und damit dem Auge sichtbar gemacht werden. Das Licht, das aber durch die Oberteilfacetten des Steins in einem Winkel von über 5° eindringt, findet bereits einen Lichtweg vor wie durch eine fast planparallele Platte, verläßt den Stein also durch die Unterteilfacetten und geht unserem Auge verloren. Das sind aber fast 2/3 des einfallenden Lichtes, so daß wir also vom „idealen Schliff" bis jetzt noch sehr weit entfernt sind.

Elbe zeigt uns nun den Weg, wie wir unsere Steine besser schleifen können: Nach den Formeln

(1) $<$ $-$

φ φ (ε_g)

(2) $>$ $+$

(krit. Winkel, s. Tabelle in Kapitel 7)

erhalten wir zwei Grenzen, die wir nicht überschreiten dürfen. Wir müssen also die tafelnahen Facetten (Stern- und Hauptfacetten) sehr flach, die Rundistfacetten aber sehr steil schleifen.

Wenn wir die Unterteilhauptfacetten mit 45° schleifen, bekommen wir für Quarz nach Formel (1) Winkel für Oberteilfacetten kleiner als 4° 40' nach Formel (2) Winkel größer als 85° 20'. Das sind natürlich für uns zunächst sehr extreme Werte, die auch nicht so leicht zu schleifen sind und für die wir uns passende Schliffbilder erst erarbeiten müssen. Wir müssen es aber versuchen. Bei Steinen mit höheren Brechungsindex wird es auch leichter, z. B. bei YAG krit. Winkel 33,1° ergibt Winkel kleiner als 11,9° und größer als 78,1°, die schon besser zu schleifen sind. Elbe gibt uns auch für die Unterteilhauptfacetten Winkel an, die größer als 45° sein dürfen. Auch das ist neu, denn nach der bisherigen Meinung durfte man das nicht tun, da sonst das in die Tafel senkrecht einfallende Licht nicht mehr reflektiert würde (s. Zeichnung Abb. 22 Mitte). Elbe gibt uns auch hierüber die zulässigen Grenzen an, näheres in seiner Arbeit (Dr. Ing. Maximo Elbe: Erstaunliche Schmuckeffekte an Brillanten, Z.DgemG, Heft 4/72 u. 1/73). Ein höchst interessanter neuer Schliff, der sicher die Amateure einige Zeit beschäftigen und uns viele schöne Steinschliffe mit besonders guter Schmuckwirkung bringen wird. Wieweit er dunkle Farbsteine verbessern kann, muß die Praxis zeigen.

16. Last not least soll auch hier noch einmal der **Cap-Cut,** der systemlose, unregelmäßige Schliff erwähnt werden, wie man ihn heute bei modernem Schmuck findet. Dieser kann mit etwas Kunstverständnis und Begabung geschliffen auch schön sein und man braucht zu seiner Anfertigung nicht einmal einen Facettenkopf, sondern kann die einzelnen Facetten auch zwischen den Fingern schleifen; es wird dann aber ein Zufallsschliff.

Das alles erschöpft sicher noch nicht die Möglichkeiten des Schleifens von Facettensteinen, doch ist hiermit genügend Anregung gegeben für die nächsten Jahre begeisterten Facettierens und schöpferischer Betätigung. Jeder, der solche Schliffe ausführen möchte, soll aber aufzeichnen, damit er einen besonders guten Schliff auch wiederholen und uns darüber berichten kann.

Schliffbilder

Nachdem ich im Kapitel 7 die Standardschliffe Brillanschliff (Standardbrillant) und Treppenschliff-Smaragdschliff schon eingehend behandelt habe, sind hier einige sogenannte Fantasieschliffe zusammengestellt und systematisch geordnet. Wenn Sie diese oder auch nur einen Teil davon geschliffen haben, sollten Sie keine weiteren Schliffbilder mehr benötigen, sondern einen Schliff nach dem Anschauen anfertigen können, wenn Sie die Schliffart erkannt haben. Sie sollten auch nunmehr selbst neue Schliffe entwerfen können und wenn Sie diese aufgezeichnet haben, wissen, wie Sie die Winkel und Teiler der einzelnen Facetten anlegen müssen, um nach kurzem Versuch die richtigen Werte zu finden.

Bei den vorliegenden Musterschliffen, besonders den vom runden und regelmäßigen n-Eck abweichenden Querschnittformen werden öfters einzelne Facetten von den Tabellenwerten abweichende Winkel und Teilerindizes erfordern, ebenso bei den gemischten und Mehrfachschliffen, da diese Werte ja auch von den Proportionen des Steins abhängen. Halten Sie sich also nicht zu sklavisch an die angegebenen Werte, sondern probieren Sie die erste Facette einer neuen Reihe immer zuerst vorsichtig aus und stellen wenn nötig Teiler und Winkel nach. Für diese Korrekturen gilt:

Facettenkopf „A": Wenn die Facette mehr in Richtung Tafel oder Spitze wandern soll, muß man den Facettenkopf heben, also den Feinsteller der Tragstange gegen den Uhrzeigersinn drehen und zwar 2-3 Rändelstriche bei feinster Verstellung, 1-2 Umdrehungen der Rändelmutter bei starker Verstellung. Wenn die Facette zur Rundiste wandern soll, muß man demgemäß den Feinsteller im Uhrzeigersinn verstellen! Wenn die Facette mehr nach links soll, muß man den Feinsteller des Teilapparates (Exzenterhebel) eine Kleinigkeit nach links drehen usw.

Facettenkopf „B": Hoch- und Tiefstellen genau wie bei Modell „A". Wenn die Facette nach links soll, muß man den Facettenzeiger um ein weniges nach links (gegen den Uhrzeiger) gegen die Teilerscheibe verdrehen usw.

Sind auf den Schliffbildern Nummern in die Facetten eingezeichnet, so ist dies die Reihenfolge, in der die einzelnen Facetten zu schleifen sind. Die Zahlen außerhalb des Schliffbildes sind Indexnummern oder Winkelangaben (durch ° gekennzeichnet). Die Reihenfolge des anzulegenden Schliffes ist je nach Autor etwas verschieden und auch nicht zwingend vorgeschrieben. Denn immer kann ein Schliff aus dem zugehörigen Einfachschliff entwickelt werden und wir sollten uns das bei von uns selbst entworfenen Schliffen auch angewöhnen. Bei komplizierteren Schliffen kann es indes der Übersichtlichkeit halber angezeigt sein, eine andere Reihenfolge zu wählen, ändert sich doch Form und Lage vorher eingeschliffener Facetten oft mehrmals, sobald wieder ein nachfolgender Schliff angelegt wird.

Einige Verfasser von Schliffen schleifen immer das Oberteil zuerst. Das ist im Prinzip gleichgültig, doch will ich meine

Gründe sagen, warum ich immer das Unterteil zuerst schleife:

1. Ich brauche an den Rohstein nur eine Fläche anzuschleifen, die dann später zur Tafel werden soll. Auch bei einem Stein ohne Tafel kann ich so verfahren, da die anstelle der Tafel liegenden Facetten meist sehr flach sind.
2. Ich kann den Stein auf den gleichen Stift aufkitten, ebauchieren und das Unterteil schleifen und Polieren ohne Umkitten zu müssen.
3. Beim Umkitten nach Fertigstellung des Unterteils habe ich wieder die Tafelfläche als Bezug, um den Stein bequem ausrichten zu können.
4. Endlich kommen kleine Kratzer, die beim Umkitten von weichen Mineralien entstehen können, auf die Unterseite des Steins und sind damit weniger störend als auf der Oberseite. Ich kann auch notwendige kleine Korrekturen an den Rundistfacetten und am Steindurchmesser leichter machen, da es weniger stört, wenn die Rundistfacetten des Unterteils an der Rundiste nicht ganz genau passen, als wenn dies im Oberteil der Fall wäre.

Beginne ich jedoch mit dem Schliff des Oberteils dann brauche ich als erstes eine möglichst exakt ebauchierte Rundform des zu facettierenden Steins und dazu muß ich diesen schon mindestens zweimal umkitten. Das stört zwar den gewerblichen Schleifer wenig, da dort die Arbeit des Ebauchierens und des Facettierens von verschiedenen Arbeitern gemacht wird und in der Mengenfertigung oft Umwege schneller zum Ziel führen. Der Amateur macht jedoch alles selbst und er muß auf andere Art rationalisieren. Habe ich das Oberteil fertig und will den Stein umkitten, so kann ich den Stein nun nicht mehr nach der Tafelfläche ausrichten, sondern muß die ebauchierte und darum auch nicht sehr genaue Spitze in einem Hohlstift ausrichten. Die fertige und hochglanzpolierte Tafel ist kleiner als die rohe Tafelfläche des ersten Falles und haftet dadurch auch schlechter am Stift, so daß besonders bei sehr kleinen Steinen diese auch öfter während des Schleifens losgehen. Der einzige Vorteil dieser Methode ist demnach, daß man früher durch die Tafel sehen und damit Steinfehler schneller erkennen kann. Das kann man aber auch, wenn man schon am Rohstein die angeschliffene Fläche ein wenig anpoliert, so spart man alle weitere Arbeit an einem hoffnungslosen Stein oder man kann die Lage der Tafelfläche noch ändern, was man bei einem bereits ebauchierten Stein nicht mehr oder nur noch unter großem Materialverlust kann, um etwaige Fehler noch außerhalb des fertigen Steins zu bekommen.

Die folgenden Musterschliffe sind geordnet in der Reihenfolge:

Treppenschliff
Brillantschliff
Sternschliff
Kreuzschliff
Zickzackschliff
Gemischter Schliff
Regelloser Schliff
Historischer Schliff
Neuschliff
Anregungen

Die angegebenen Indexzahlen beziehen sich auf die Teilscheiben 64 oder 96 des Facettenkopfes Modell „A".

Wie kann ich diese Musterschliffe nur mit dem Facettenkopf Mod. „B" ausführen? Dieser Kopf hat anstatt einer Teilscheibe 64 eine Lochscheibe mit 16 Löchern und einen Facettenzeiger, der diese Teilung halbiert, so daß wir 32 Teile einstellen und zwischen zwei Teilstrichen auch 64 Teile genau genug einstellen können. Nur ist das Einstellprinzip hier etwas anders und die Zahlen auf der Lochscheibe sind keine Indexzahlen, sondern Zahlen für die Reihenfolge des Schliffes der Hauptfacetten für einen 8teiligen Schliff. Es entsprechen sich also:

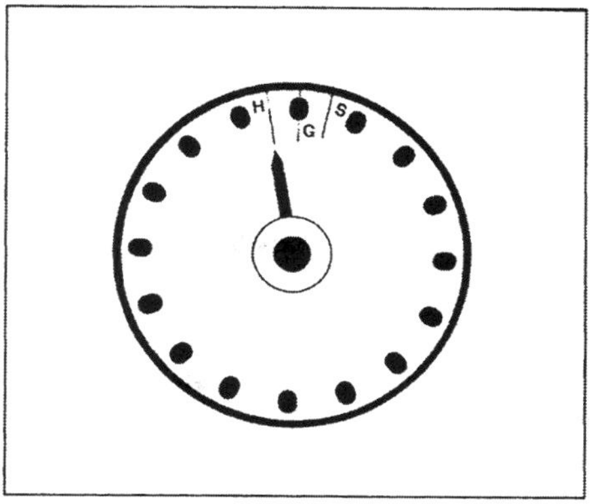

Abb. 59: Lochscheibe und Facettenzeiger beim Modell „B"

Wenn der Facettenzeiger auf „H" steht	Loch	1	2	3	4	5	6	7	8
Hauptfacetten:	Index	64	32	48	16	24	40	56	8

Wenn der Facettenzeiger auf „S" steht	Loch	1	2	3	4	5	6	7	8
Sternfacetten:	Index	4	36	52	20	28	44	60	12

Wenn der Facettenzeiger auf „G" steht	Loch	1	2	3	4	5	6	7	8
Rundistfacetten	Index	2	34	50	18	26	42	58	10

(die weiteren 8 Facetten liegen auf den unnumerierten Löchern)

Umstehende Tabelle läßt Sie nun zu den angegebenen Indexzahlen die zugehörige Loch- und Facettenzeigerstellung finden.

Darin bedeuten:	H	=	Facettenzeiger auf „H"
	HG	=	Facettenzeiger zwischen „H" und „G"
	GS	=	Facettenzeiger zwischen „G" und „S"
	1/3 HG	=	Zeiger 1/3 zwischen „H" und „G"
	2/3 HG	=	Zeiger 2/3 zwischen „H" und „G"
	1	=	Loch 1
	1/8	=	Das Loch zwischen den Nummern 1 und 8

Zeiger	Index 64					Index 96						
	H	HG	G	GS	S	H	1/3 HG	2/3 HG	G	1/3 GS	2/3 GS	S
Loch	Index					Index						
1	64	1	2	3	4	96	1	2	3	4	5	6
1/8		5	6	7			7	8	9	10	11	
8	8	9	10	11	12	12	13	14	15	16	17	18
8/4		13	14	15			19	20	21	22	23	
4	16	17	18	19	20	24	25	26	27	28	29	30
4/5		21	22	23			31	32	33	34	35	
5	24	25	26	27	28	36	37	38	39	40	41	42
5/2		29	30	51			43	44	45	46	47	
2	32	33	34	35	36	48	49	50	51	52	53	54
2/6		37	38	39			55	56	57	58	59	
6	40	41	42	43	44	60	61	62	63	64	65	66
6/3		45	46	47			67	68	69	70	71	
3	48	49	50	51	52	72	73	74	75	76	77	78
3/7		53	54	55			79	80	81	82	83	
7	56	57	58	59	60	84	85	86	87	88	89	90
7/1		61	62	63			91	92	93	94	95	
	Hauptfacetten		Rundistfacetten		Sternfacetten	Hauptfacetten			Rundistfacetten			Sternfacetten

Tabelle 2 Umrechnung der Indexzahlen von Facettenkopf Modell „A" auf Modell „B"

Bei vielen Schliffen werden die Indexzahlen so zusammenpassen, wie oben für den 8teiligen Brillantschliff angedeutet, so daß eine Facettenreihe mit einer einzigen Zeigereinstellung geschliffen werden kann.

Bei ovalen und ähnlichen Schliffen kann man allerdings oft nur zwei oder gar eine Facette mit der gleichen Zeigerstellung schleifen. Hier kann man mit der symmetrischen Entsprechung arbeiten, nach der sich z. B. bei ovaler Form gleiche Facetten auf der Teilscheibe genau gegenüber liegen, nicht allerdings bei Birn- oder Herzform. Hier gibt es ähnliche Facetten in gleichem Abstand vom Indexanfang (64 oder 96) bei denen der Feinsteller oder Facettenzeiger aber oft in umgekehrter Richtung verstellt werden muß.

Treppenschliff: 2 T 16 / 4 T 16

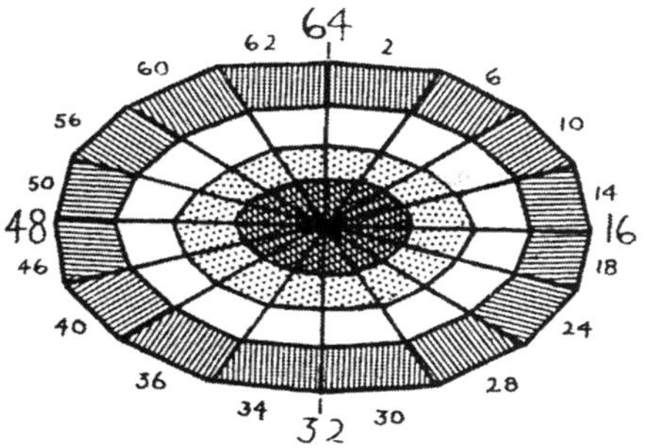

16teilig, oval, Index 64, Unterteil vierfache Treppe, Oberteil zweifache Treppe.

Schliff Nr.	Winkel (Grad)	Anzahl der Facetten	Index			
Unterteil:						
1	55	4	62	2	34	30
	53	4	60	4	38	28
	51	4	56	8	40	24
	46	4	50	46	14	18
2	48	4	62	2	34	30
	46	4	60	4	38	28
	43	4	56	8	40	24
	39	4	50	46	14	18
3	44	4	62	2	34	30
	42	4	60	4	38	28
	37	4	56	8	40	24
	34	4	50	46	14	18
4	41	4	62	2	34	30
	39	4	60	4	38	28
	34	4	56	8	40	24
	30	4	50	46	14	18
Oberteil:						
1	42	4	62	2	34	30
	41	4	60	4	38	28
	40	4	56	8	40	24
	39	4	50	46	14	18
2	27	4	62	2	34	30
	26	4	60	4	38	28
	25	4	56	8	40	24
	24	4	50	46	14	18

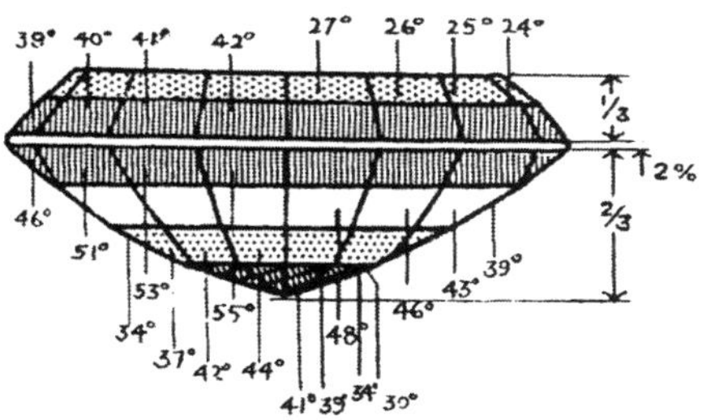

Polieren in umgekehrter Reihenfolge!

Tafel: wird mit 40% der Breite der Rundiste eingeschliffen.

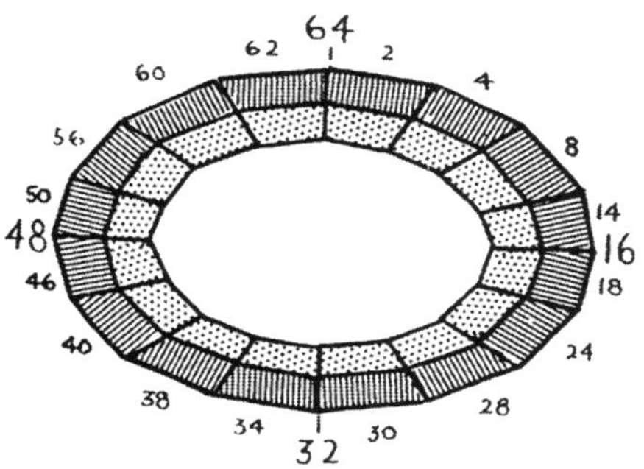

Achtung! Die angegebenen Winkel und Indexnummern gelten nur für ein festes Achsenverhältnis der Ellipse und können bei Ihrem Stein mehr oder weniger abweichen. Es empfiehlt sich also vorsichtig zu probieren. Wenn eine Facette, z. B. Nr. 60 stimmt, dann ist auch die dieser gegenüberliegenden Nr. 28 richtig!

Treppenschliff: 3 T 18 / 3 T 18

18teilige Marquise, Index 64,
jeweils dreifache Treppe.

Schliff Nr.	Winkel (°) der Treppe 1	2	3	Index
Unterteil:				
1	48 ½	39	30	64
2	48 ½	39	30	32
3	48	38 +	29 ½	34
4	48	38 +	29 ½	30
5	48	38 +	29 ½	2
6	48	38 +	29 ½	62
7	48 -	37 ½	28 +	60
8	48 -	37 ½	28 +	4
9	48 -	37 ½	28 +	28
10	48 -	37 ½	28 +	36
11	47	36 ½	26 ½	38
12	47	36 ½	26 ½	26
13	47	36 ½	26 ½	6
14	47	36 ½	26 ½	58
15	45	34 ½	24	56
16	45	34 ½	24	8
17	45	34 ½	24	24
18	45	34 ½	24	40
Oberteil:				
1	52	46 ½	38 ½	64
2	52	46 ½	38 ½	32
3	51 ½	46	38	34
4	51 ½	46	38	30
5	51 ½	46	38	2
6	51 ½	46	38	62
7	50	45 ½	35 ½	60
8	50	45 ½	35 ½	4
9	50	45 ½	35 ½	28
10	50	45 ½	35 ½	36
11	48	42 ½	33 ½	38
12	48	42 ½	33 ½	26
13	48	42 ½	33 ½	6
14	48	42 ½	33 ½	58
15	46	40 +	30	56
16	46	40 +	30	8
17	46	40 +	30	24
18	46	40 +	30	40

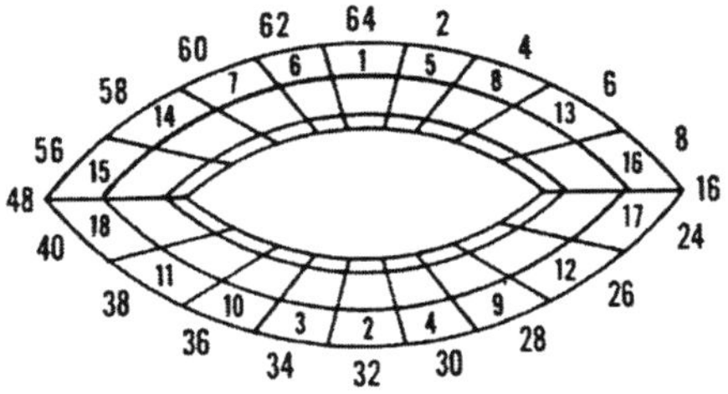

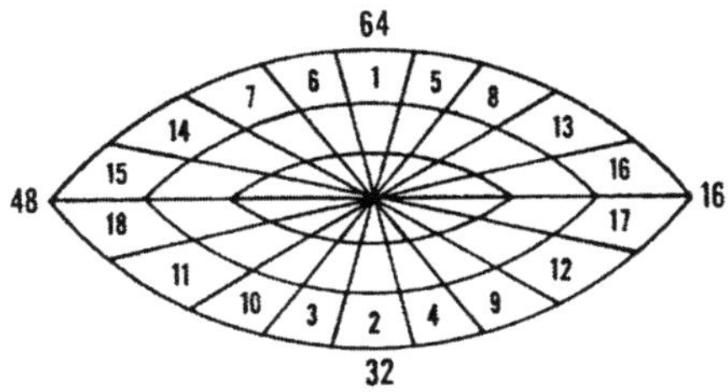

Achtung! Die angegebenen Werte gelten nur für das Achsenverhältnis 1:2 und können bei Ihrem Stein mehr oder weniger abweichen. Vorsichtig probieren! Wenn eine Facette stimmt, dann ist auch zugleich die gegenüberliegende richtig.

Treppenschliff: 4 T 16

16 teilige Kugel, Index 64,
jeweils 4fache Treppe

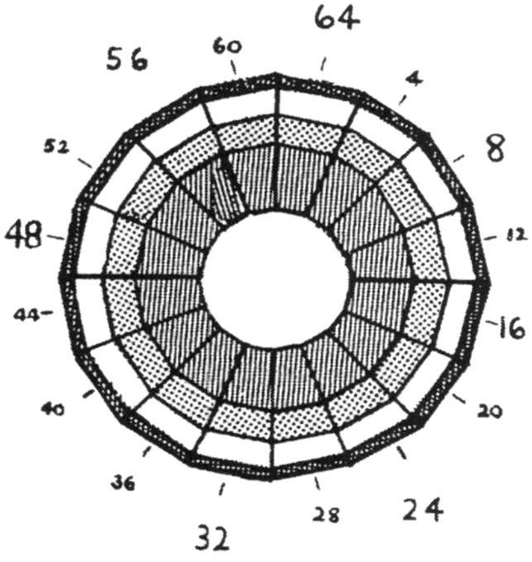

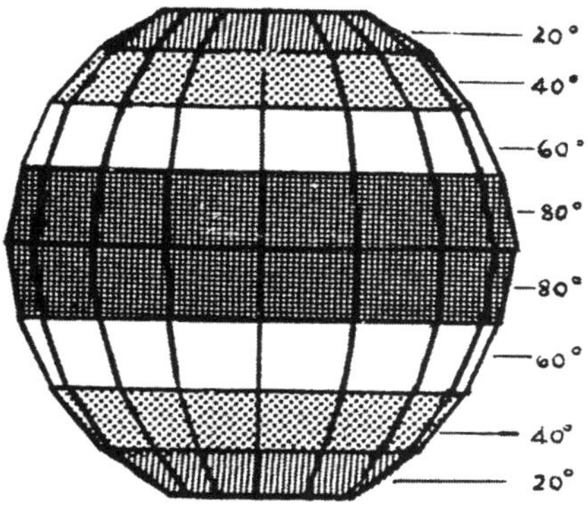

Schliff Nr.	Winkel (Grad)	Anzahl der Facetten	Index			
Ober- und Unterteil: jeweils						
1	80	16	64	4	8	12
			16	20	24	28
			32	36	40	44
			48	52	56	60
2	60	16	64	4	8	12
			16	20	24	28
			32	36	40	44
			48	52	56	60
3	40	16	64	4	8	12
			16	20	24	28
			32	36	40	44
			48	52	56	60
4	20	16	64	4	8	12
			16	20	24	28
			32	36	40	44
			48	52	56	60

Polieren in umgekehrter Folge. Die Endflächen werden wie Tafeln eingeschliffen und poliert.

Als Rohform eine Kugel schleifen.

Treppenschliff: 2 T 12 unregelmäßig von Doris Crawford

Ober- und Unterteil, 12teiliger unregelmäßiger Treppenschliff zur besseren Ausnützung eines wertvollen Rohsteins, z. B. Smaragd, Index 64.

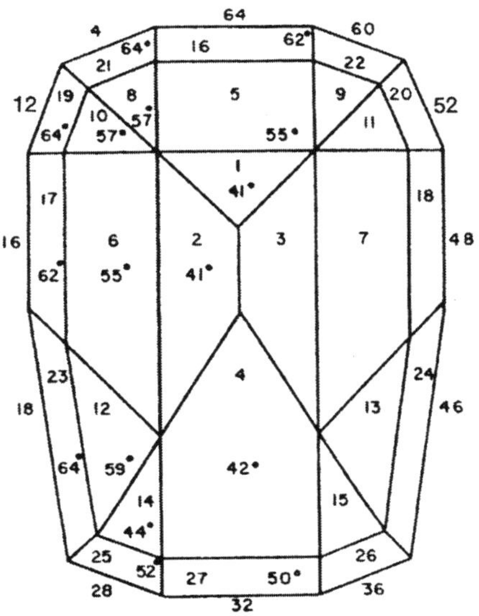

Schliff Nr.	Winkel (Grad)	Anzahl der Facetten	Index

Unterteil:

Schliff Nr.	Winkel (Grad)	Anzahl der Facetten	Index			
1-3	41	3	64	16	48	
4	42	1	32			
5-7	55	3	64	16	48	
8-11	57	4	4	60	12	52
12-13	59	2	18	46		
14-15	44	2	28	36		
16-18	62	3	64	16	48	
19-24	64	6	12	52	4	
			60	18	46	
25-26	52	2	28	36		
27	50	1	32			

Oberteil:

Schliff Nr.	Winkel (Grad)	Anzahl der Facetten	Index			
1-3	47	3	64	16	48	
4-9	48	6	4	12	60	
			52	18	46	
10-11	37	2	28	36		
12	35	1	32			
13-15	37	3	46	16	48	52
16-19	39	4	4	12	60	
20-21	38	2	18	46		
22-23	21½	2	28	36		
24	20	1	24			

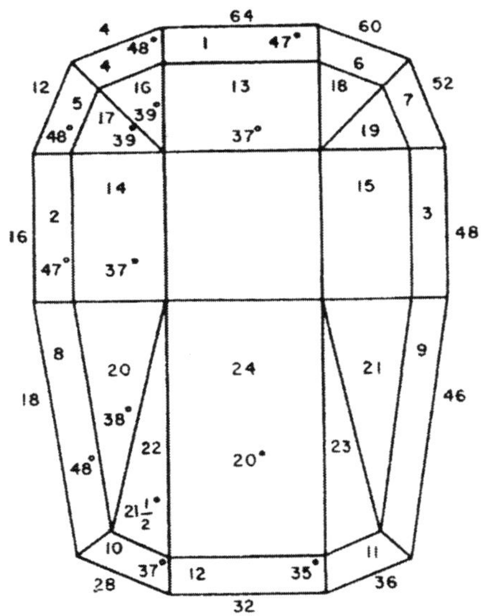

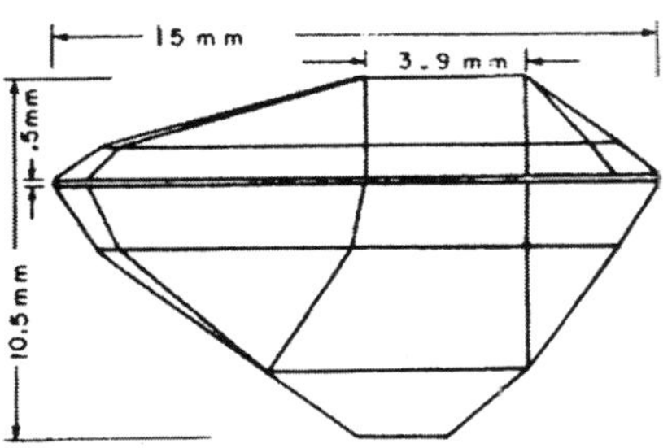

Brillantschliff: B 8 / B 8 S 16

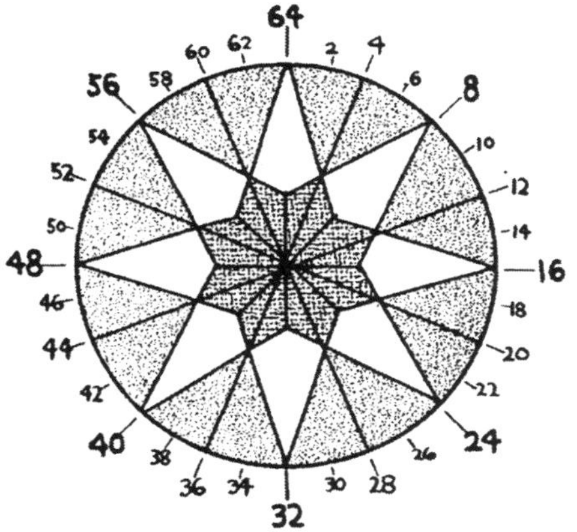

8teiligen Brillant, Index 64, mit zusätzlichen Sternfacetten, 16teilig an der Spitze des Unterteils. „Zirkonschliff".

Unterteil:

Schliff Nr.	Winkel (Grad)	Anzahl der Facetten	Index			
1	43	8	64	32	48	16
			24	40	56	8
2	41	16	2	6	10	14
			18	22	26	30
			34	38	42	44
			50	54	58	62
3	45	16	2	6	10	14
			18	22	26	30
			34	38	42	44
			50	54	58	62

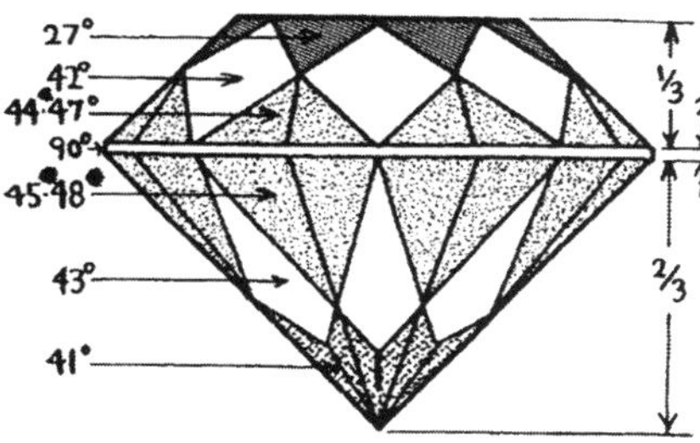

Winkel ausprobieren, so, daß sich Sternfacetten und Rundistfacetten berühren.

Polierfolge von der Spitze zur Rundiste 2 1 3

Oberteil:

Schliff Nr.	Winkel (Grad)	Anzahl der Facetten	Index			
1	42	8	64	32	48	16
			24	40	56	8
2	27	8	4	12	20	28
			36	44	52	60
3	44	16	2	6	10	14
			18	22	26	30
			34	38	42	46
			50	54	58	62

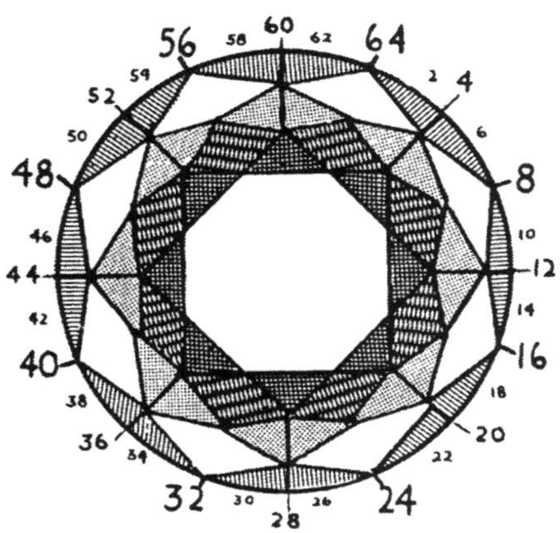

Tafel: 40-50% vom Rundistdurchmesser, Oberteilhöhe = 1/3 Gesamthöhe.

Polierfolge von der Tafel zur Rundiste.

Brillantschliff: B 8 dH

8teiliger Brillant mit geteilten Hauptfacetten, Index 64.

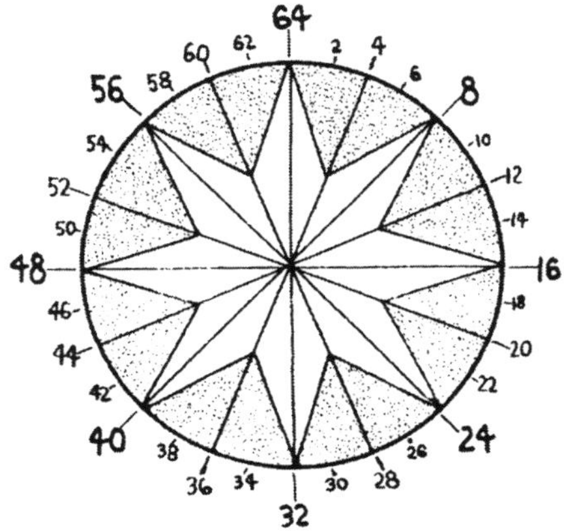

Schliff Nr.	Winkel (Grad)	Anzahl der Facetten	Index			

Unterteil:

Schliff Nr.	Winkel (Grad)	Anzahl der Facetten	Index			
1	43	16	63	31	47	15
			23	39	55	7
			1	9	17	25
			33	41	49	57
2	45	16	2	6	10	14
			18	22	26	30
			34	38	42	46
			50	54	58	62

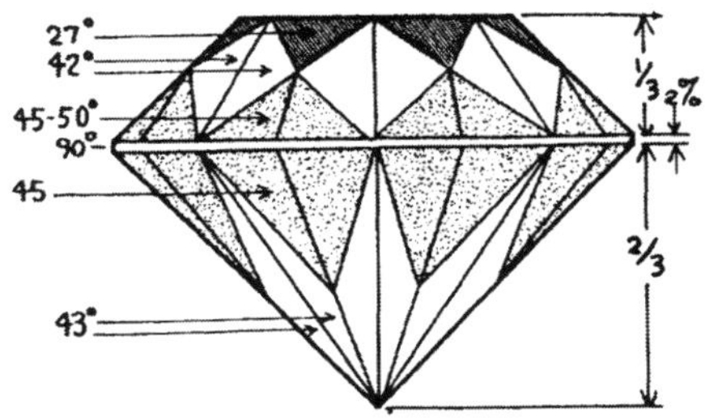

Politur in der gleichen Folge, aber nach der Lage der Facetten nebeneinander, also 63 1 7 9 usw.

Oberteil:

Schliff Nr.	Winkel (Grad)	Anzahl der Facetten	Index			
1	42	16	63	31	47	15
			23	39	55	7
			1	9	17	25
			33	41	49	57
2	27	8	4	12	20	28
			36	44	52	60
3	45	16	2	6	10	14
			18	22	26	30
			34	38	42	46
			50	54	58	62

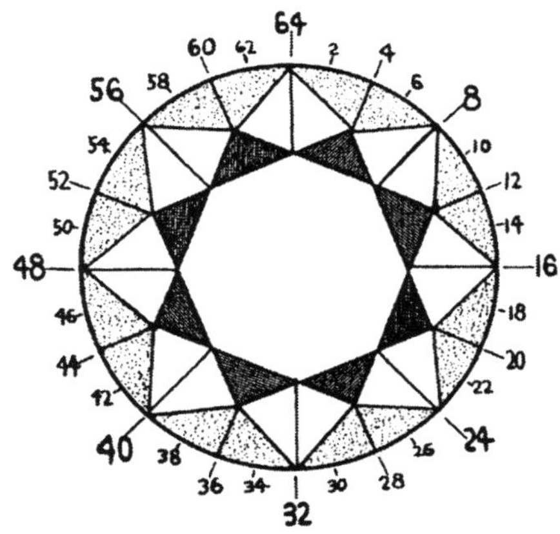

Politurfolge von der Tafel zur Rundiste.

Tafel: 50% Rundistdurchmesser

Brillantschliff: 2 B 8

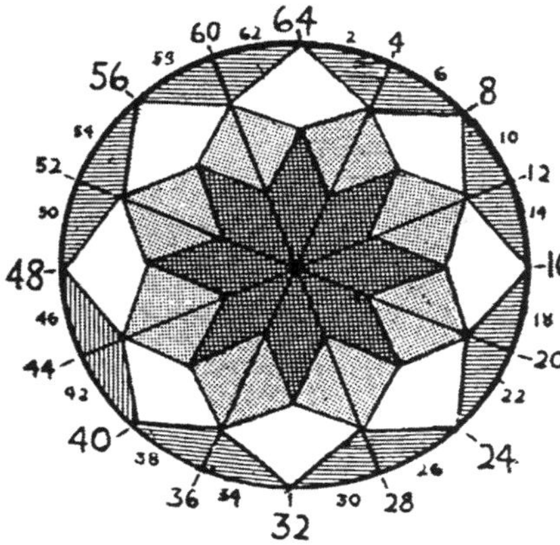

8teiliger Doppelbrillant, Index 64.

Schliff Nr.	Winkel (Grad)	Anzahl der Facetten	Index			
Unterteil:						
1	60	8	64	32	48	16
			24	40	56	8
2	69	16	2	6	10	14
			18	22	26	30
			34	38	42	46
			50	54	58	62
3	50	16	2	6	10	14
			18	22	26	30
			34	38	42	46
			50	54	58	62
4	43	8	64	8	16	24
			32	40	48	56
Oberteil:						
1	52	8	64	32	48	16
2	70	16	24	40	56	8
			2	6	10	14
			18	22	26	30
			34	38	42	46
			50	54	58	62
3	36	16	2	6	10	14
			18	22	26	30
			34	38	42	46
			50	54	58	62
4	25	8	64	8	16	24
5	15	8	32	40	48	56
			4	12	20	28
			36	44	52	60

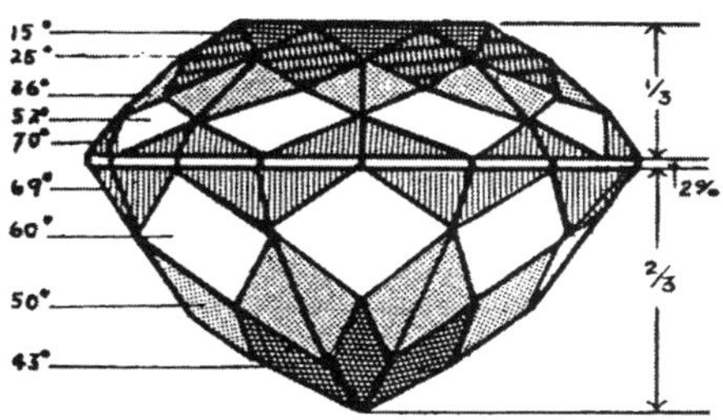

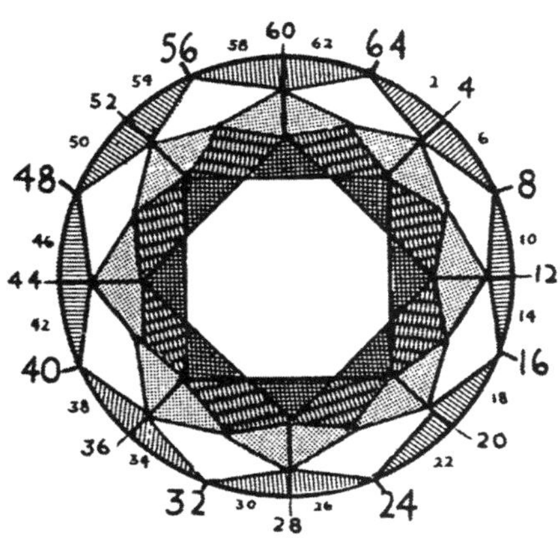

Politurfolge jeweils von der Tafel oder Spitze zur Rundiste.

Tafel: 40% vom Rundistdurchmesser.

Unterteil **nicht** kegelig sondern **rund** vorschleifen!

Schliff Nr.	Winkel (Grad)	Anzahl der Facetten	Index			
Unterteil:						
1	54	16	64	4	8	12
			16	20	24	28
			32	36	40	44
			48	52	56	60
2	58	16	62	2	6	10
			14	18	22	26
			30	34	38	42
			46	50	54	58
3	49	16	62	2	6	10
			14	18	22	26
			30	34	38	42
			46	50	54	58
4	43	16	64	4	8	12
			16	20	24	28
			32	36	40	44
			48	52	56	60
5	39	16	62	2	6	10
			14	18	22	26
			30	34	38	42
			46	50	54	58
Oberteil:						
1	85-78	16	62	2	6	10
			14	18	22	26
	Rundiste		30	34	38	42
			46	50	54	58
2	42	16	64	4	8	12
			16	20	24	28
			32	36	40	44
			48	52	56	60
3	52	16	62	2	6	10
			14	18	22	26
			30	34	38	42
			46	50	54	58
4	35	16	62	2	6	10
			14	18	22	26
			30	34	38	42
			46	50	54	58
5	30	16	64	4	8	12
			16	20	24	28
			32	36	40	44
			48	52	56	60
6	21	16	62	2	6	10
			14	18	22	26
			30	34	38	42
			46	50	54	58

Brillantschliff: 3 B 16 / 4 B 16

Index 64

„Portugiesischer Schliff"

16teiliger Mehrfachbrillant (Netzschliff) mit ungebrochenen Rundistfacetten.

Schliff 5 ist im Unterteil „unterkritisch" gibt also eine schwarze Rosette bei Quarz und Beryll, nicht aber bei Edeltopas oder höherem RI.

„ballig" ebauchieren!

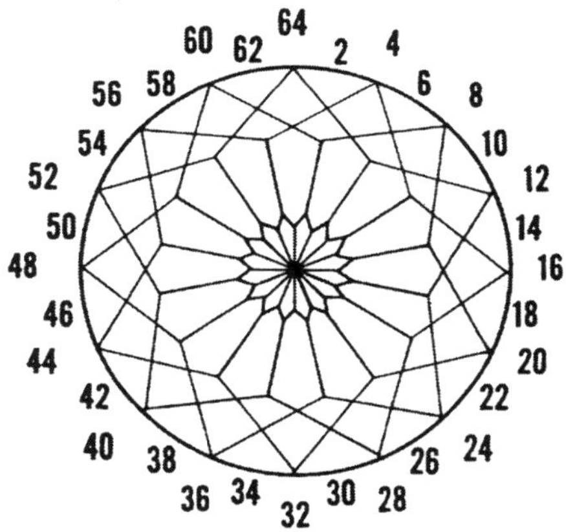

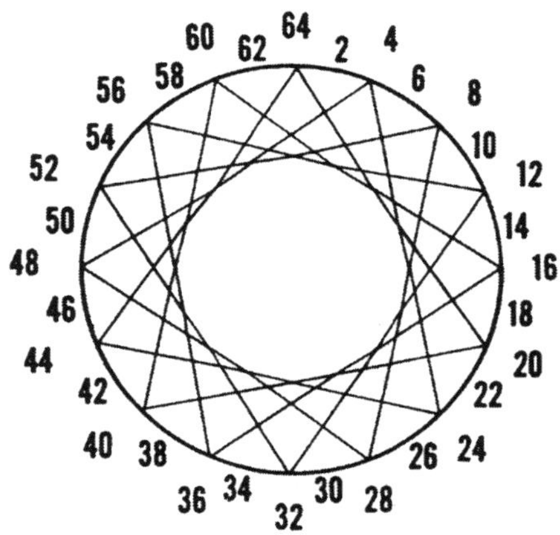

Brillantschliff: Bo 8

8teiliger ovaler Brillant. Index 64

Im Bild sind die Indexzahlen eingetragen.

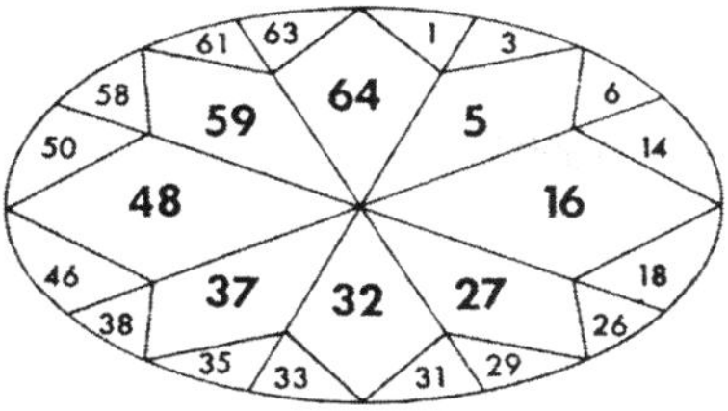

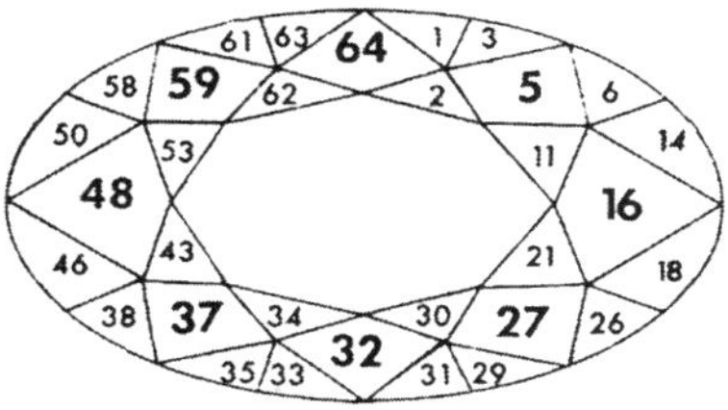

Schliff Nr.	Winkel (Grad)	Anzahl der Facetten	Index			
Unterteil:						
1	43	2	64	32		
2	41	4	59	37	27	5
3	36	2	48	16		
4	44½	8	63	1	33	31
			61	3	35	29
5	41½	4	58	6	38	26
6	38	4	50	14	46	18
Oberteil:						
1	42	2	64	32		
2	41	4	59	37	27	5
3	36	2	48	16		
4	29	4	62	2	34	30
5	20	4	53	11	43	21
6	47	4	63	1	33	31
7	46	4	61	3	35	29
8	45	4	58	6	38	26
9	43	4	50	14	46	18

Brillantschliff: Bs 8

8teilige Brillantmarquise 1:2, 64 Index.

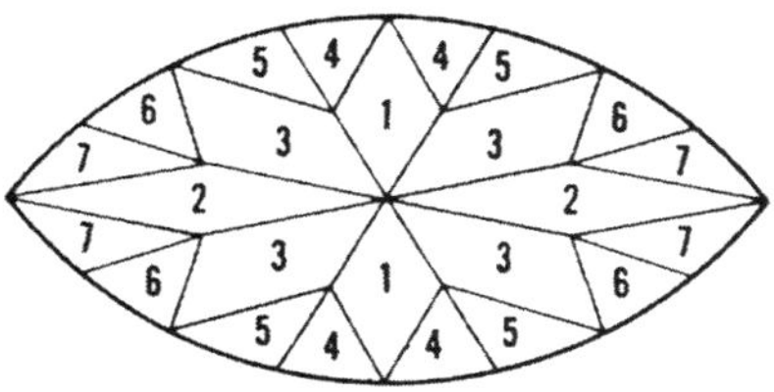

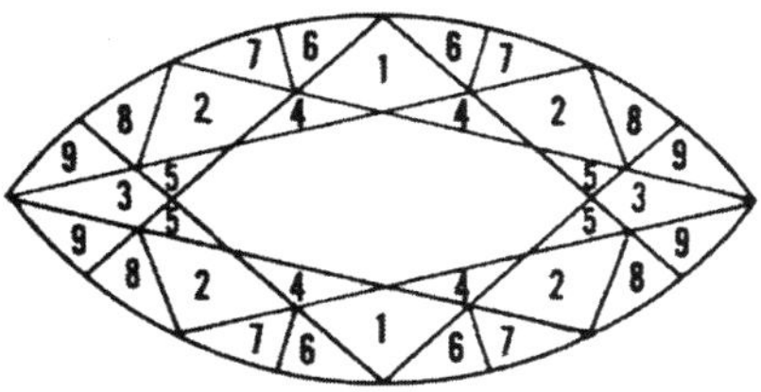

Achtung! Die angegebenen Werte gelten nur für eine sehr genaue Steinform im Achsenverhältnis 1:2. Sie können bei Ihrem Stein mehr oder weniger abweichen. Sie müssen daher probieren.

Im Bild ist die Schliffolge eingetragen.

Unterteil:

Schliff Nr.	Winkel (Grad)	Anzahl der Facetten	Index			
1	43	2	64	32		
2	25	2	16	48		
3	40	4	5	27	37	59
4	45½	4	1	31	33	63
5	43½	4	4	28	36	60
6	40½	4	6	26	38	58
7	32½	4	10	22	42	54
			(CL)	(CR)	(CL)	(CR)

Oberteil:

Schliff Nr.	Winkel (Grad)	Anzahl der Facetten	Index			
1	40	2	64	32		
2	38	4	5	27	37	59
3	25	2	16	48		
4	23	4	2	30	34	62
5	18+	4	8	24	40	56
6	44	4	1	31	33	63
7	42	4	4	28	36	60
8	41½	4	6	26	38	58
9	38	4	9	23	41	55
			(CL)	(CR)	(CR)	(CL)

CL: Feinsteller nach links verstellen

CR: Feinsteller nach rechts verstellen

Brillantschliff: B 8

8teiliger birnförmiger Brillant oder Pendeloque, 96 Index.

Unterteil:

Schliff Nr.	Winkel (Grad)	Anzahl der Facetten	Index
1	36	2	36 60
2	40	2	29 67
3	42	4	21 (CR) 75 (CL)
			7 89
4	46	2	39 57
5	45	6	34 (+) 62 (+)
			32 (CR) 64 (CL)
			26 67
6	44	4	24 72 18 78
7	44+	4	10 86
			4 92

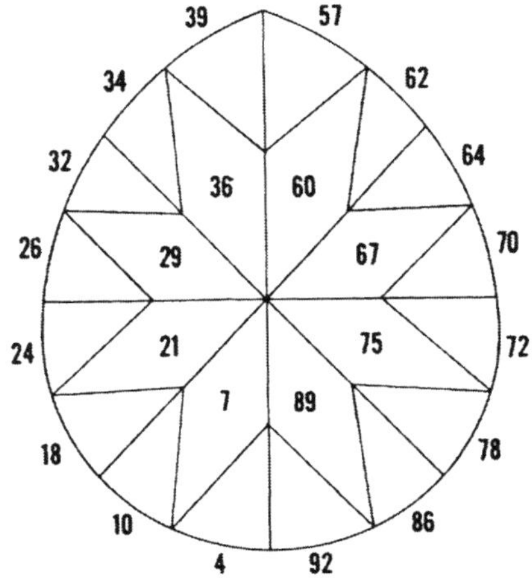

Oberteil:

Schliff Nr.	Winkel (Grad)	Anzahl der Facetten	Index
1	37	8	60 67 75 (CR)
			89 7 21 (CL)
			29 36
2	29	4	38 58 64 32
3	28	2	25 (CL) 71 (CR)
4	21	3	14 82 96
5	36	2	40 56
6	39	2	34 62
7	41	2	31 (CR) 65 (CL)
8	42	2	27 (CR) 69 (CL)
9	44	8	24 (CR) 72 (CL)
			18 (CR) 78 (CL)
			10 (CR) 86 (CL)
			4 92

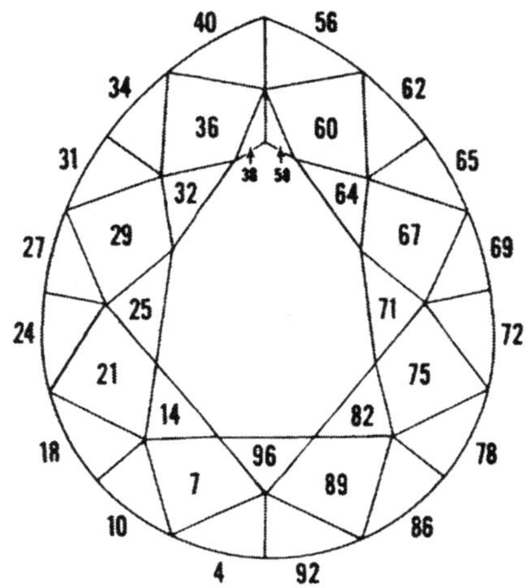

Im Bild sind die Indexzahlen eingetragen.

Brillantschliff: 3 B 16

16teilige Brillantkugel, 64 Index.

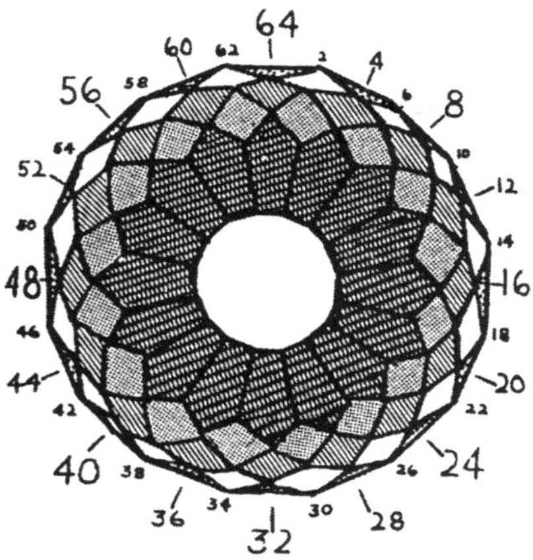

Schliff Nr.	Winkel (Grad)	Anzahl der Facetten	Index

Ober- und Unterteil:

1	30	16	64	4	8	12
			16	20	24	28
			32	36	40	44
			48	52	56	60
2	45	16	2	6	10	14
			18	22	26	30
			34	38	42	46
			50	54	58	62
3	60	16	64	4	8	12
			16	20	24	28
			32	36	40	44
			48	52	56	60
4	75	16	2	6	10	14
			18	22	26	30
			34	38	42	46
			50	54	58	62
5	90	16	64	4	8	12
			16	20	24	28
			32	36	40	44
			48	52	56	60

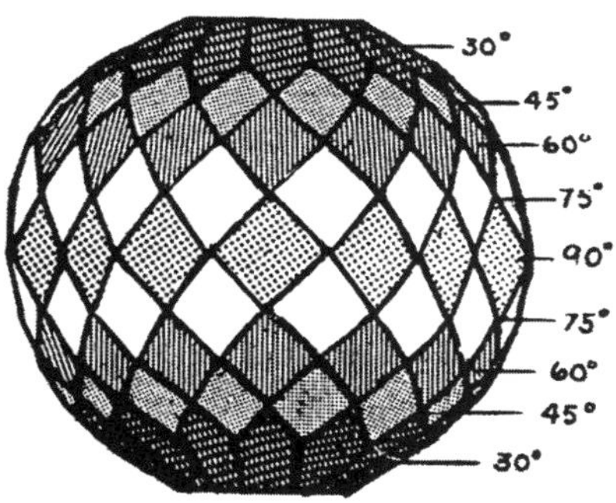

Den 5. Schliff nur auf einer Hälfte ausführen. Polieren in umgekehrter Reihenfolge. Endflächen wie Tafeln polieren.

Als Rohform Kugel schleifen!

Brillantschliff: 2 B 8

8teilige Brillantbriolette (Doppelschliff),
Index 64.

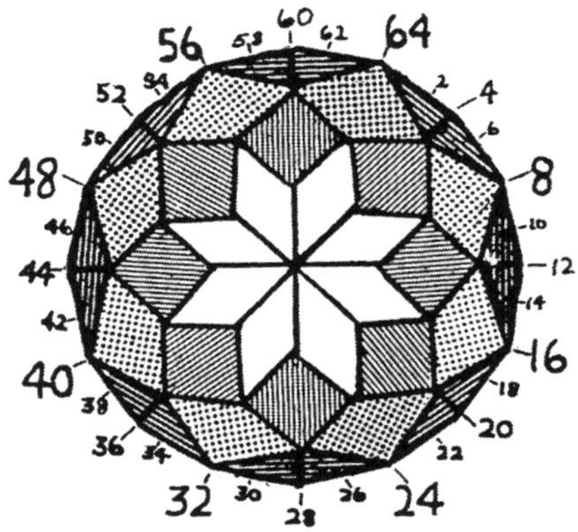

Unterteil:

Schliff Nr.	Winkel (Grad)	Anzahl der Facetten	Index			
1	46	8	64	32	48	16
			24	40	56	8
2	54	16	2	6	10	14
			18	22	26	30
			34	38	42	46
			50	54	58	62
3	34	8	4	12	20	28
			36	44	52	60
4	21	8	64	8	16	24
			32	40	48	56

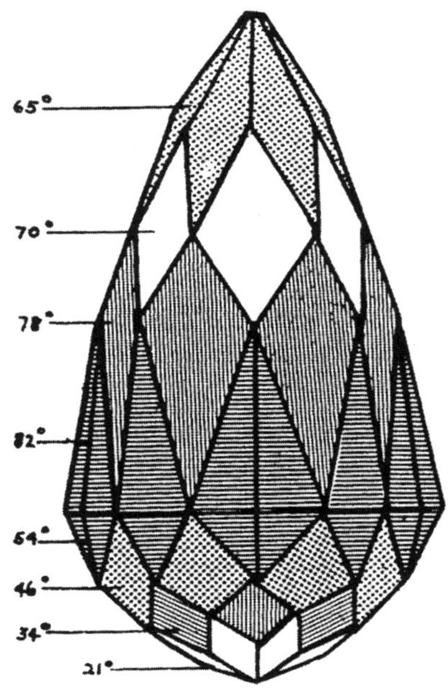

Oberteil:

Schliff Nr.	Winkel (Grad)	Anzahl der Facetten	Index			
1	78	8	64	32	48	16
			24	40	56	8
2	82	16	2	6	10	14
			18	22	26	30
			34	38	42	46
			50	54	58	62
3	70	8	4	12	20	28
			36	44	52	60
4	65	8	64	8	16	24
			32	40	8	56

Politur in umgekehrter Folge.

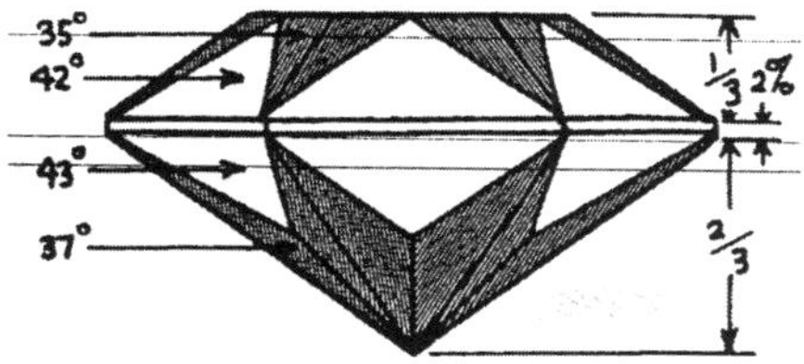

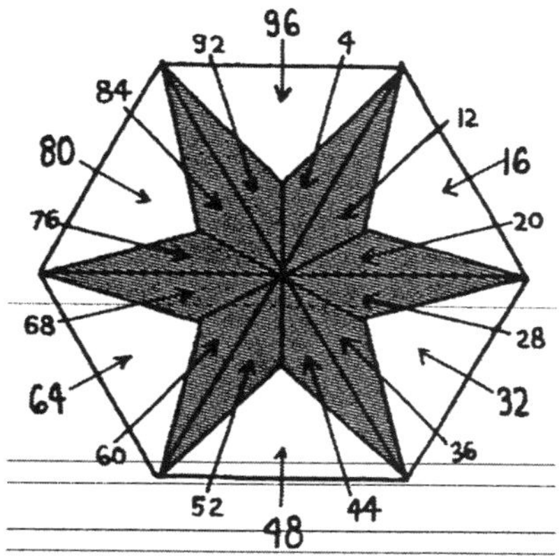

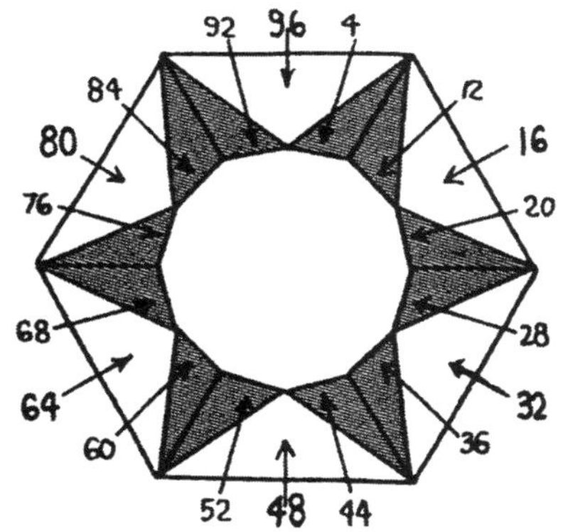

Sternschliff: 2 S 6

„Mitchell Sixray Star"
6teiliger Doppelstern, 96 Index.

Zuerst die Rundiste unter 80-90° schleifen, Index 96-48-64-80-16-32. Abmessen auf gleiche Kantenlänge.

Tafel: 40% des Rundistdurchmessers.

Schliff Nr.	Winkel (Grad)	Anzahl der Facetten	Index
Unterteil:			
1	43	6	96 48 64 80 16 32
2	37	12	4 12 20 28 36 44 52 60 68 76 84 92

Politur in umgekehrter Folge. Die Sternfacetten sind unter dem kritischen Winkel geschliffen um den Sterneffekt zu verstärken!

Schliff Nr.	Winkel (Grad)	Anzahl der Facetten	Index
Oberteil:			
1	42	6	96 16 32 48 64 80
2	35	12	4 12 20 28 36 44 52 60 68 76 84 92

Der Winkel des zweiten Schliffs kann zwischen 33° und 37° variieren nach Größe der Tafel. Politur jeweils in umgekehrter Folge.

Bei Verwendung einer Teilscheibe Index 60 sind obige Indexzahlen durch 1,6 zu dividieren. Für die Rundistfacetten (1. Schliff) ergeben sich hierbei ganze Zahlen. Für die Sternfacetten ergeben sich Bruchzahlen, die aber vermieden werden können, wenn man diese Facetten jeweils 3 Zähne links und rechts der Rundistfacetten einschleift. Der Winkel muß dann allerdings flacher genommen werden. Hat man nur die Teilscheibe Index 64 zur Hand, dann muß man durch 1,5 dividieren und die gebrochenen Zahlen am Feinsteller einstellen.

Sternschliff: $\frac{2\,S\,4\,oT}{4\,S\,4}$

„Aztekisches Quadrat" von H. W. Schmitz
Oberteil: 4teiliger Doppelstern ohne Tafel;
Unterteil: 4facher Sternschliff (Strahlenschliff), Index 96.

Zunächst Rundiste auf gleiche Kantenlänge schleifen.

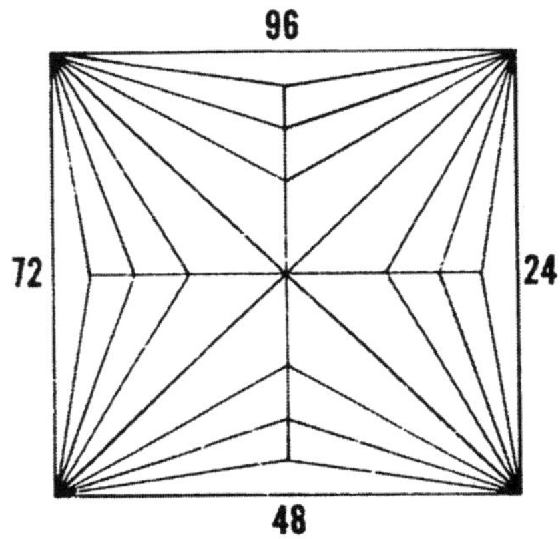

Unterteil:

Schliff Nr.	Winkel (Grad)	Anzahl der Facetten	Index
1	65	4	96 24 48 72
2	57	8	95 1 23 25 47 49 71 73
3	49	8	93 3 21 27 45 51 69 75
4	41	8	89 7 17 31 41 55 65 79

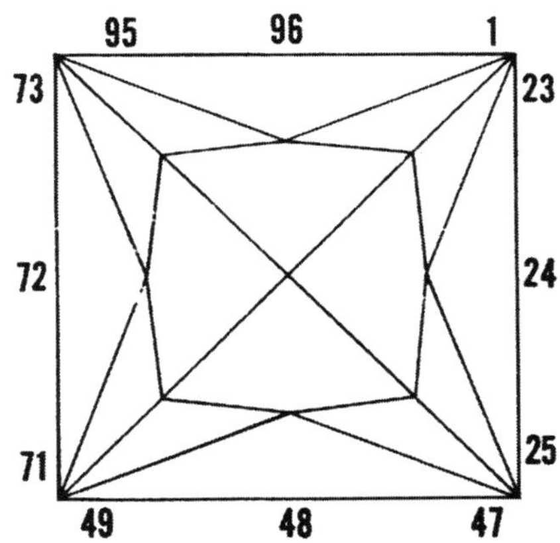

Oberteil: Tafel 1/3 der Steingröße

Schliff Nr.	Winkel (Grad)	Anzahl der Facetten	Index
1	45	4	96 24 48 72
2	36	8	95 1 23 25 47 49 72 73
3	15	4	96 24 48 72

Kreuzschliff: K 4(8)

„Scherenschliff"

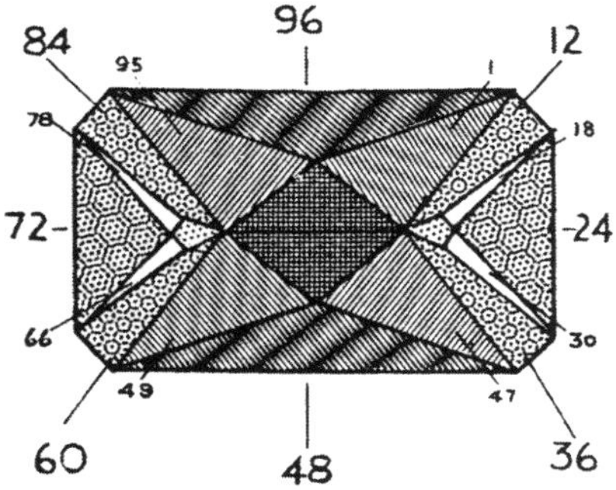

4teiliger Kreuzschliff mit zusätzlichen Eckfacetten, 96 Index.

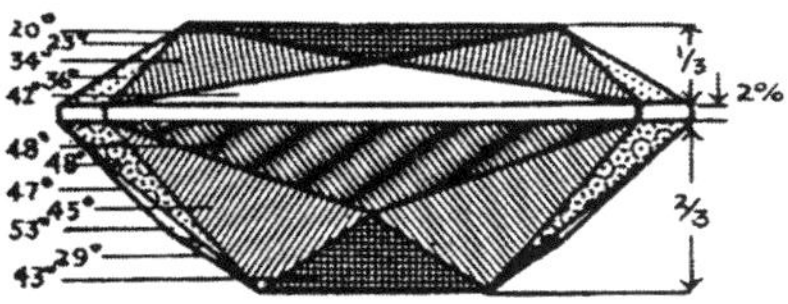

Unterteil:

Schliff Nr.	Winkel (Grad)	Anzahl der Facetten	Index
1	45	4	1 95 47 49
2	43	2	96 48
3	48	2	96 48
4	48	4	12 36 60 84
5	47	2	24 72
6	53	4	18 30 66 78
7	29	2	24 72

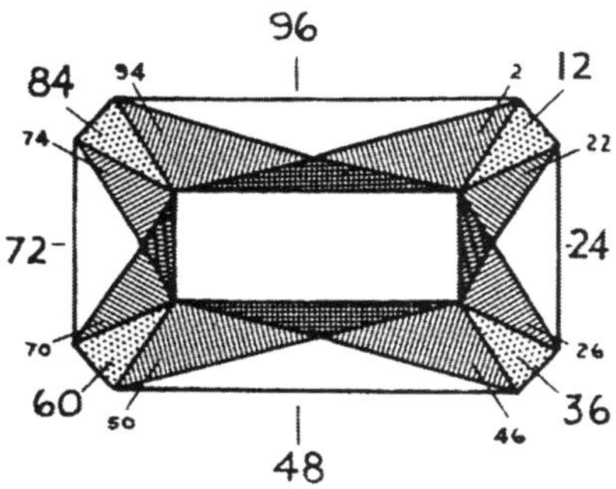

Oberteil:

Schliff Nr.	Winkel (Grad)	Anzahl der Facetten	Index
1	42	4	96 48 72 24
2	34	8	2 94 50 46 26 22 74 70
3	20	2	96 48
4	23	2	24 72
5	36	4	12 36 60 84

Politurfolge jeweils umgekehrt.

Tafel: 40% der Steinbreite.

Kreuzschliff: K 8

8teiliger Kreuzschliff, 96 Index.

Zuerst die Rundiste unter 80-90° einschleifen. Gleiche Kantenlänge prüfen.
Index 96-48-24-72.

Schliff Nr.	Winkel (Grad)	Anzahl der Facetten	Index			
Unterteil:						
1	41	8	96	48	24	72
			60	36	12	84
2	55	8	96	48	24	72
			60	36	12	84
3	50	16	94	2	10	14
			22	26	34	38
			46	50	58	62
			70	74	82	86

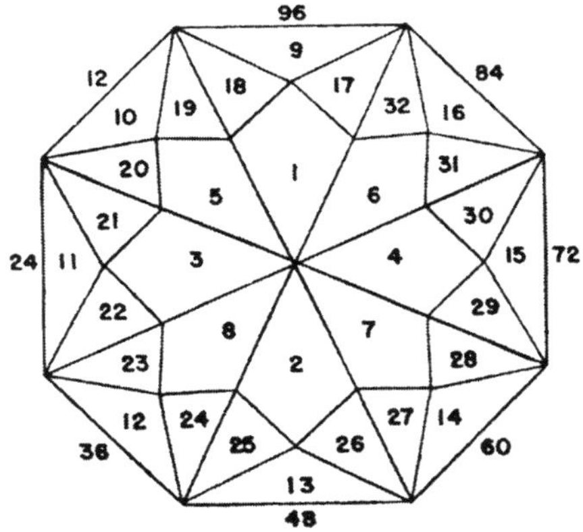

Der dritte Schliff erfordert vorsichtige Erprobung und eventuelle Winkeländerung.

Oberteil:

Schliff Nr.	Winkel (Grad)	Anzahl der Facetten	Index			
1	54	8	96	48	24	72
			60	36	12	84
2	44	8	96	48	24	72
			60	36	12	84
3	47	16	94	2	10	14
			22	26	34	38
			46	50	58	62
			70	74	82	86

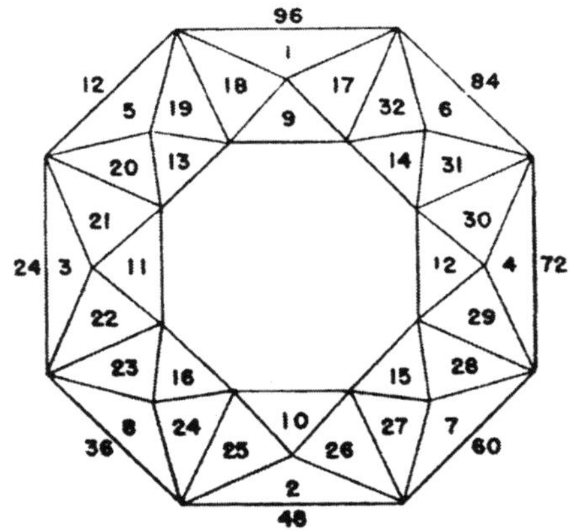

Tafel: Zuletzt auf ca. 50% Rundistdurchmesser einschleifen, da hier 3 Facettenkanten genau passen müssen.
Polierfolge von der Tafel bzw. Spitze zur Rundiste.

Zickzackschliff: 3 Z 8

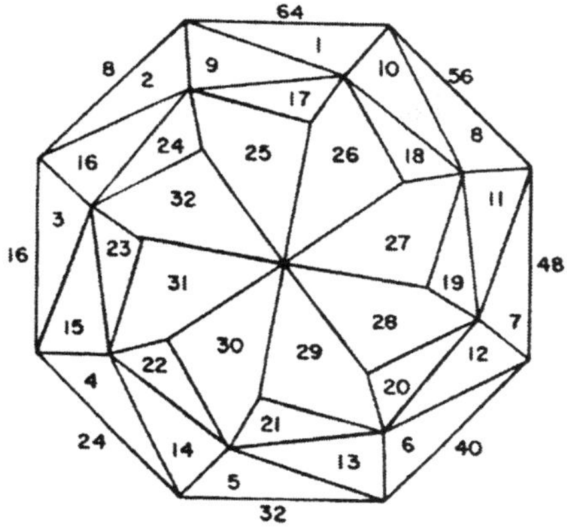

„Wirbelschliff" von David P. Hartley 8teiliger, 3facher Zickzackschliff, 64 Index.

Zuerst die Rundiste unter 80-90° Index 64-32-48-16-24-40-56 schleifen.

Schliff Nr.	Winkel (Grad)	Anzahl der Facetten	Index

Unterteil:

1	56	8	64 8 16 24 32 40 48 56
2	49	8	1 57 49 41 33 25 17 9
3	46	8	1 57 48 41 33 25 17 9
4	41	8	2 58 50 42 34 26 18 10

Tafel: 50-55% vom Rundistdurchmesser

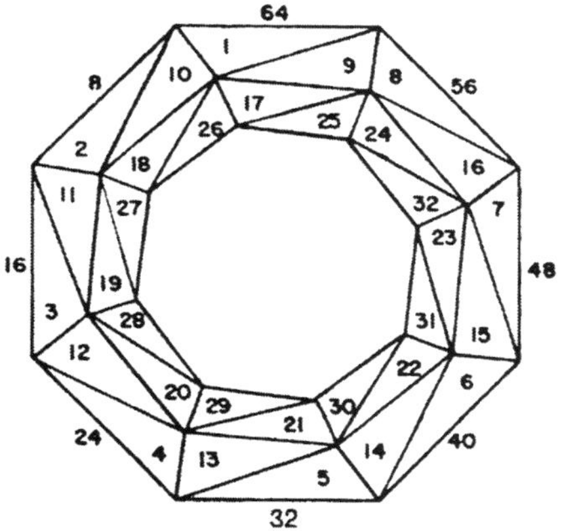

Oberteil:

1	50	8	64 8 16 24 32 40 48 56
2	42	8	63 7 15 23 31 39 47 55
3	39	8	63 7 15 23 31 39 47 55
4	33	8	62 6 14 22 30 38 46 54

Polierfolge umgekehrt von der Tafel bzw. Spitze zur Rundiste.

Zickzackschliff: $\frac{4\,Z\,4}{5\,Z\,4}$

4teiliger Mehrfachschliff, Index 64, abwechselnd links und rechtsläufig geschliffen zur Erzielung besonderer Ornamentik.

Schliff Nr.	Winkel (Grad)	Anzahl der Facetten	Index

Unterteil:

1	71	4	64 32 48 16
2	65	4	63 31 49 17
3	59	4	64 32 48 16
4	53	4	63 31 49 17
5	47	4	64 32 48 16
6	41	4	63 31 49 17

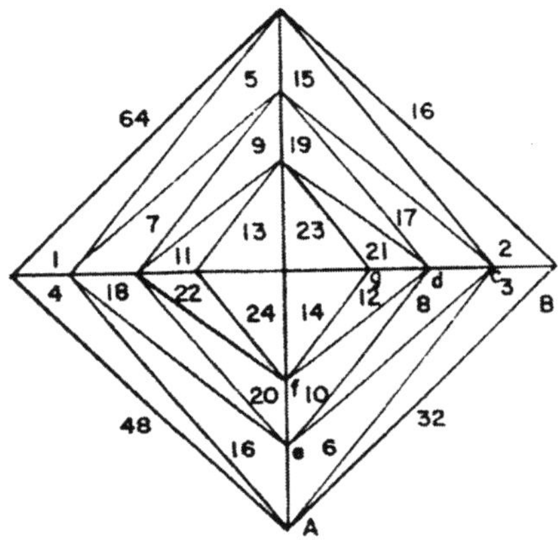

Die Unterteilhöhe ist 4/5, die Oberteilhöhe 1/5 der Gesamthöhe. Diese ist 80% der Rundistbreite. Der größte Tafeldurchmesser 14-d ist 50% der Rundistbreite.

Oberteil:

1	50	4	64 32 48 16
2	45	4	64 -½ 32 -½ 48 +½ 16 +½
3	35	4	64 -½ 32 -½ 48 +½ 16 +½
4	25	4	62 30 50 18

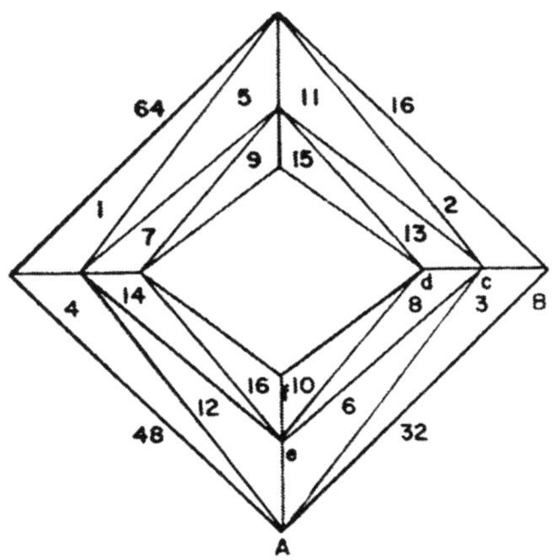

Die halben Werte werden eingestellt am Feinsteller: – 1/2 durch Linksdrehen
+ 1/2 durch Rechtsdrehen

Gemischter Schliff: BT 8

„Doppel Rose"
8teiliger Brillant mit Treppe, Index 64.

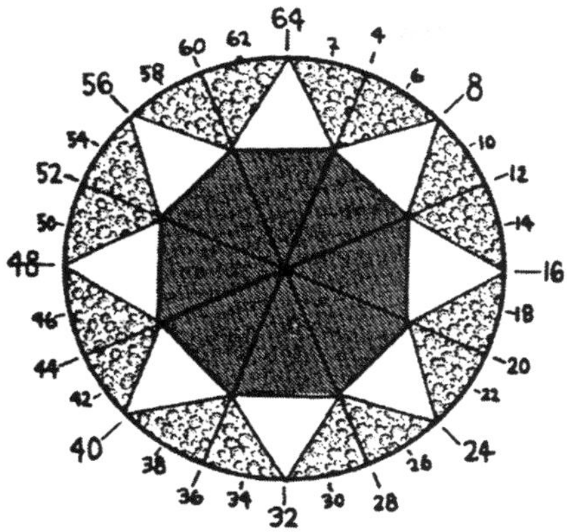

Schliff Nr.	Winkel (Grad)	Anzahl der Facetten	Index			
Ober- und Unterteil:						
1	45	8	64	8	16	24
			32	40	48	56
2	30	8	64	8	16	24
			32	40	48	56
3	57	16	2	6	10	14
			18	22	26	30
			34	38	42	46
			50	54	58	62

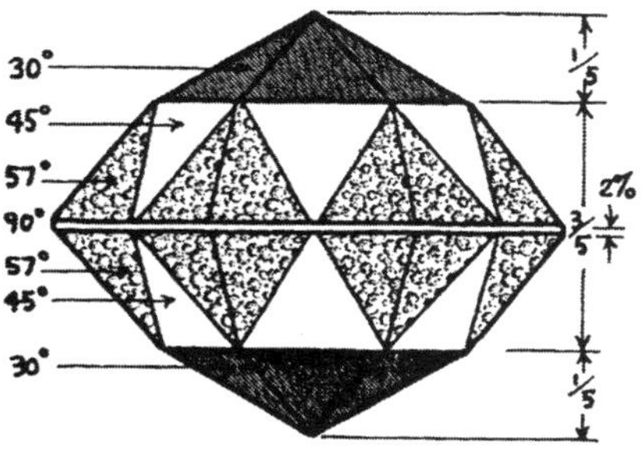

Polierfolge von der Spitze zur Rundiste!

Bei brüchigen Materialien ist auch die Rundiste mit 90° und den Indexzahlen von Schliff 3 zu schleifen.

Gemischter Schliff: $\frac{2\ B\ 8\ oT}{BT\ 8\ Z}$

„Jubilee Schliff"

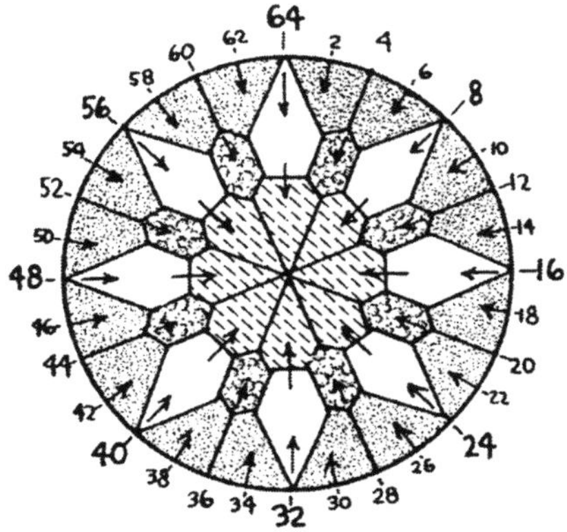

8teiliger Brillant ohne Tafel, im Unterteil mit Zusatzfacetten und Treppe, Index 64.

Schliff Nr.	Winkel (Grad)	Anzahl der Facetten	Index
Unterteil:			
1	49	8	64 32 48 16
			24 40 56 8
2	39	8	64 32 48 16
			24 40 56 8
3	48	8	4 12 20 28
			36 44 52 60
4	54	16	2 6 10 14
			18 22 26 30
			34 38 42 46
			50 54 58 62

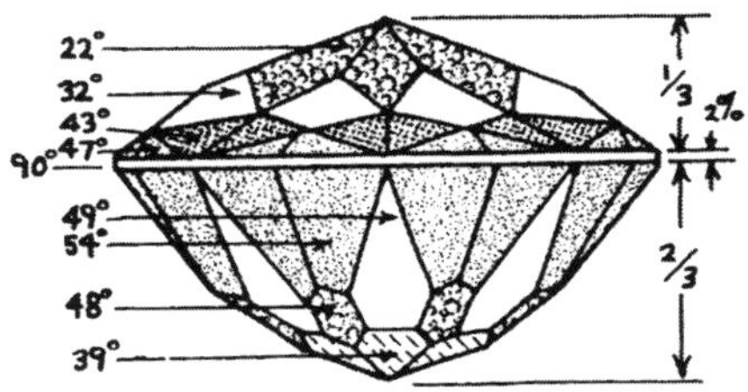

Politur in der gleichen Folge! Die Sternfacetten, Schliff 1, sollen durch Schliff 2 auf die Größe der sonst hier vorhandenen Tafel von 40-50% Rundistdurchmesser gebracht werden.

Oberteil:

Schliff Nr.	Winkel (Grad)	Anzahl der Facetten	Index
1	22	8	64 32 48 16
			24 40 56 8
2	32	8	4 12 20 28
			36 44 52 60
3	43	16	1 7 9 15
			17 23 25 31
			33 39 41 47
			49 55 57 63
4	47	16	2 6 10 14
			18 22 26 30
			34 38 42 46
			50 54 58 62

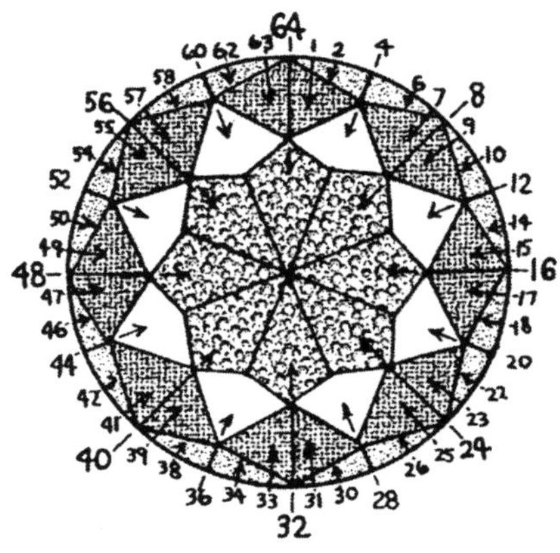

Polierfolge von der Spitze zur Rundiste.
Ballig vorschleifen!

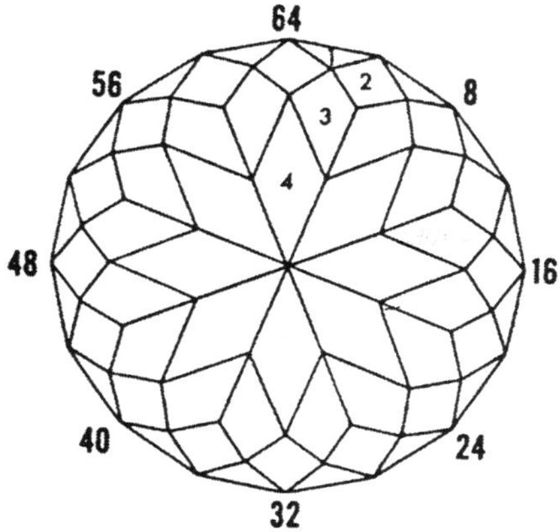

Gemischter Schliff: $\frac{B\,8\,2\,Z}{2\,B\,8\,/\,16}$

8teiliger Brillant mit Zusatzfacetten, die aus den Hauptfacetten 6eckige Facetten machen, Unterteil Doppelbrillant, Index 64. „Princess Scintilla" v. Perry Row

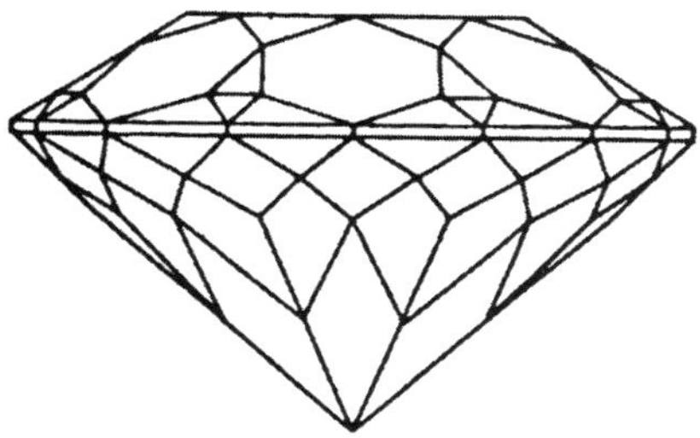

Schliff Nr.	Winkel (Grad)	Anzahl der Facetten	Index			

Unterteil:

1	63	16	2	6	10	14
			18	22	26	30
			34	38	42	46
			50	54	58	62
2	51	16	4	8	12	16
			20	24	28	32
			36	40	44	48
			52	56	60	64
3	43	16	2	6	10	14
			18	22	26	30
			34	38	42	46
			50	54	58	62
4	41	8	8	16	24	32
			40	48	56	64

Oberteil:

1	$51\frac{7}{8}$	16	2	6	10	14
			18	22	26	30
			34	38	42	46
			50	54	58	62
2	37	8	8	16	24	32
			40	48	56	64
3	$46\frac{3}{8}$	8	4	12	20	28
			36	44	52	60
4	$39\frac{1}{4}$	8	4	12	20	28
			36	44	52	60
5	$23\frac{1}{4}$	8	4	12	20	28
			36	44	52	60

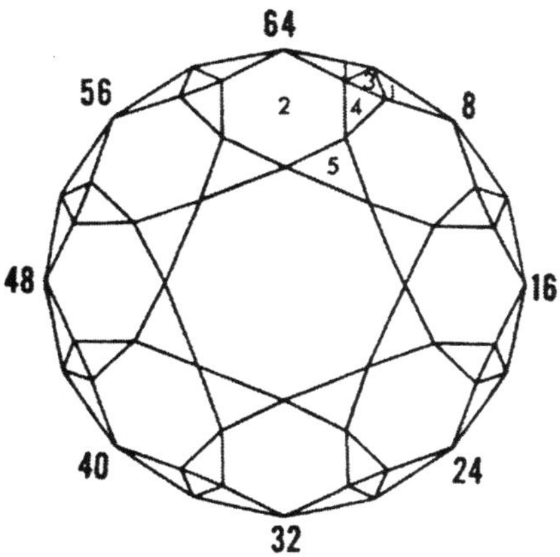

Die Rundiste sollte mit den Indexzahlen des ersten Schliffes facettiert werden.
Ballig vorschleifen!

Gemischter Schliff: $\frac{\text{B 3(6)}}{\text{3 Ts 6}}$

Oberteil 3teiliger Brillant ohne Sternfacetten auf 6teiliger Basis. Unterteil 3fache schräge Treppe 6teilig, Index 96.
„Drei-Sechs-Twist" von Norman W. Steele

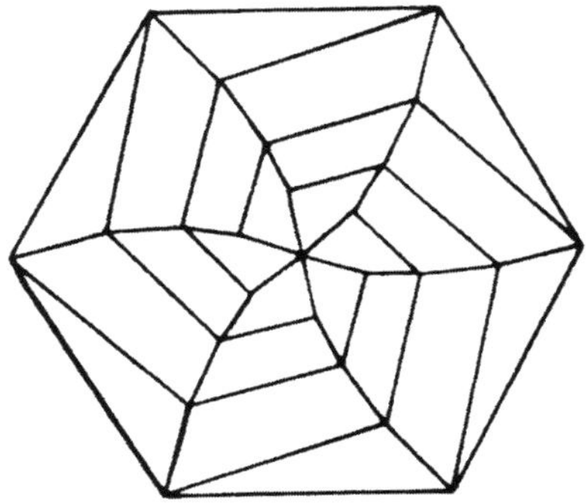

Unterteil:

Schliff Nr.	Winkel (Grad)	Anzahl der Facetten	Index
1	90	6	96 80 64 48 32 16
2	60	6	96 80 64 48 32 16
3	50	6	95 79 63 47 31 15
4	45	6	94 78 62 46 30 14
5	40	6	93 77 61 45 29 12

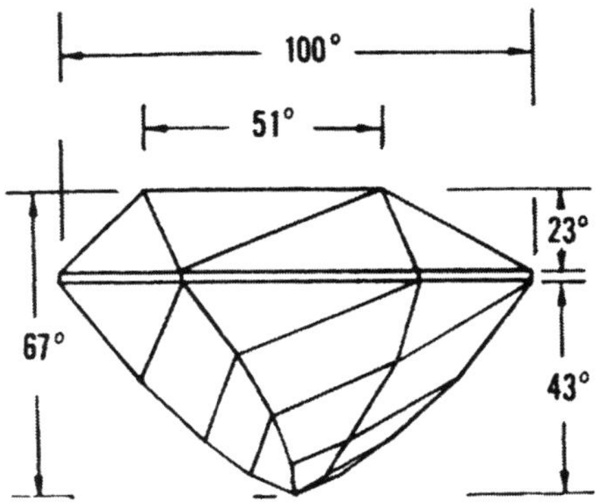

Oberteil:

Schliff Nr.	Winkel (Grad)	Anzahl der Facetten	Index
1	65	6	96 80 64 48 32 16
2	30	3	88 56 24
3	0		dreieckige Tafel

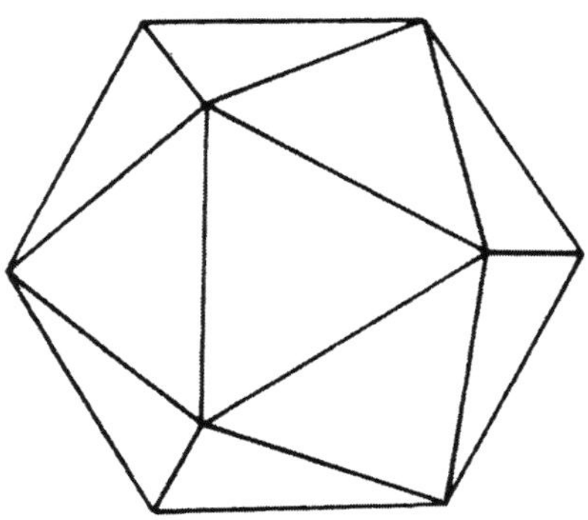

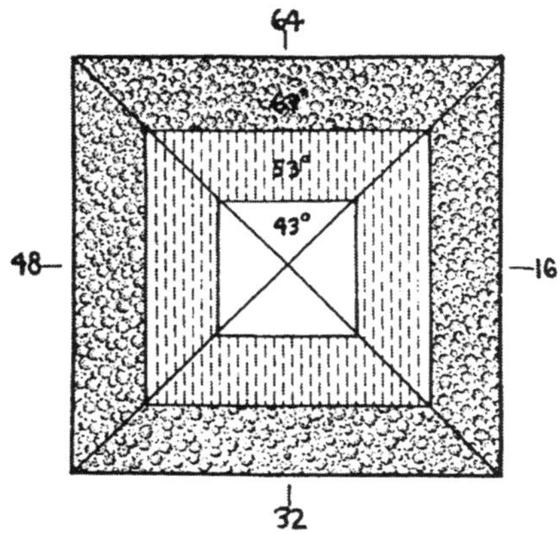

Gemischter Schliff: $\frac{S\ 4}{3\ T\ 4}$

Oberteil: 4teiliger Sternschliff,
Unterteil: Treppenschliff, Index 64.
„French Cut"

Als erstes Rundiste mit 80-90° schleifen, auf gleiche Kantengröße achten!

Schliff Nr.	Winkel (Grad)	Anzahl der Facetten	Index

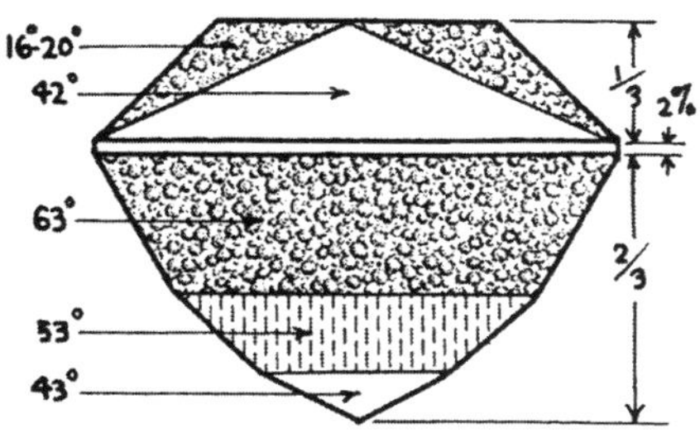

Unterteil:

1	63	4	64 32 48 16
2	53	4	64 32 48 16
3	43	4	64 32 48 16

Polieren in umgekehrter Folge.

Oberteil:

1	42	4	64 32 48 16
2	16	4	8 24 40 56

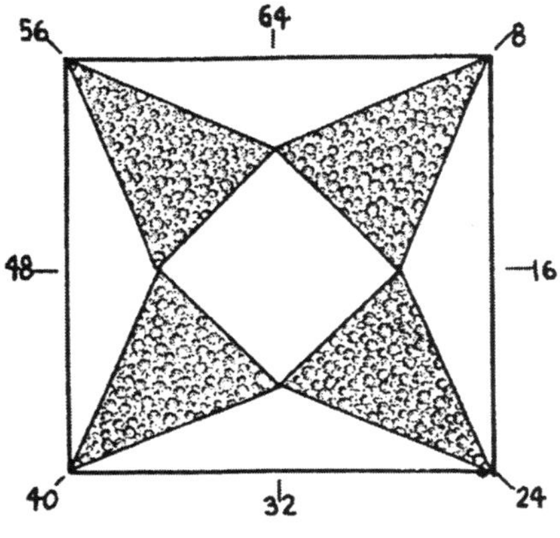

Bei diesem Schliff kann der Winkel variieren und muß ausprobiert werden! Tafelgröße ca. 40% der Steinbreite.

Gemischter Schliff: $\frac{3\ S\ 4}{3\ Ts\ 4}$

Oberteil: 4teiliger 3facher Sternschliff,
Unterteil: 3fache schräge Treppe, Index 96.
„Square Foog" von Norman W. Steele

Unterteil:

Schliff Nr.	Winkel (Grad)	Anzahl der Facetten	Index			
1	90	4	96	72	48	24
2	65	4	96	72	48	24
3	45	4	94	74	46	26
4	35	4	93	75	45	27
5	55	4	95	73	47	25

Oberteil:

Schliff Nr.	Winkel (Grad)	Anzahl der Facetten	Index			
1	35	4	96	72	48	24
2	25	8	95 47	1 49	73 23	71 25
3	15	8	93 45	3 51	69 21	75 27

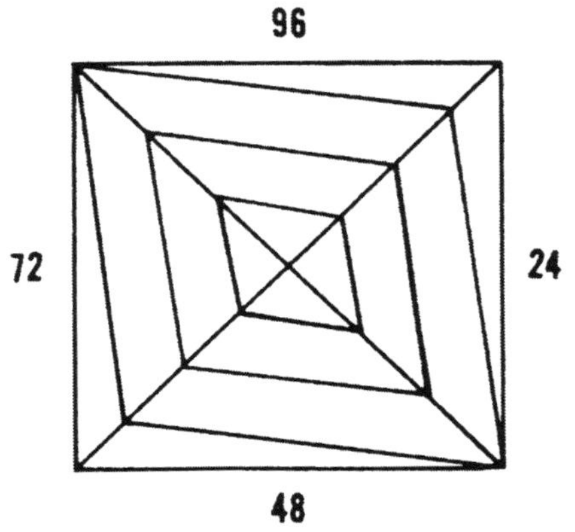

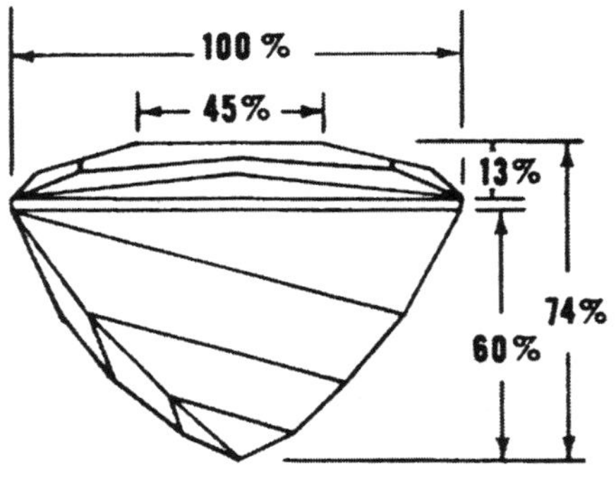

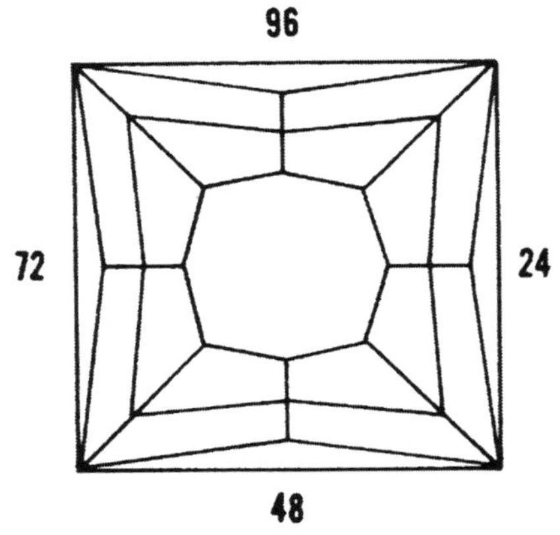

Gemischter Schliff: $\frac{3\,T\,2\,S\,8}{2\,T\,2\,S\,8}$

Oberteil: 8teilige dreifache Treppe und Doppelstern,
Unterteil: 8teilige zweiflache Treppe und Doppelstern, Index 96.
„Juliana Cut" von Don Hartley

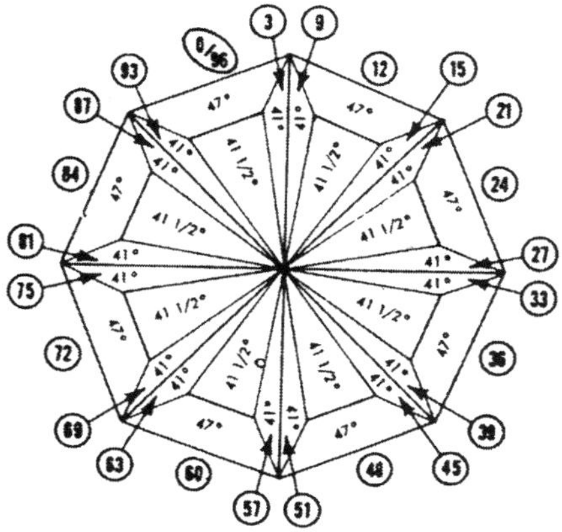

Unterteil:

Schliff Nr.	Winkel (Grad)	Anzahl der Facetten	Index
1	41½	8	96 12 24 36 48 60 72 84
2	41	16	3 9 15 21 27 33 39 45 51 57 63 69 75 81 87 93
3	47	8	96 12 24 36 48 60 72 84

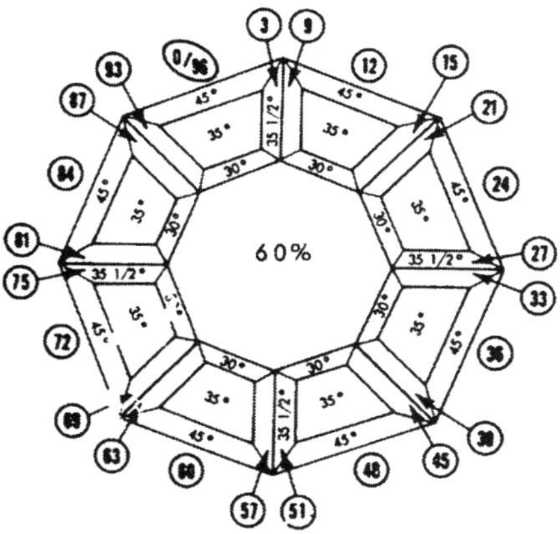

Oberteil:

Schliff Nr.	Winkel (Grad)	Anzahl der Facetten	Index
1	35	8	96 12 24 36 48 60 72 84
2	35½	16	3 9 15 21 27 33 39 45 51 57 63 69 75 81 87 93
3	45	8	96 12 24 36 48 60 72 84
4	30	8	96 12 24 36 48 60 72 84

Gemischter Schliff: 2 Z 8 z / 2 T S 8

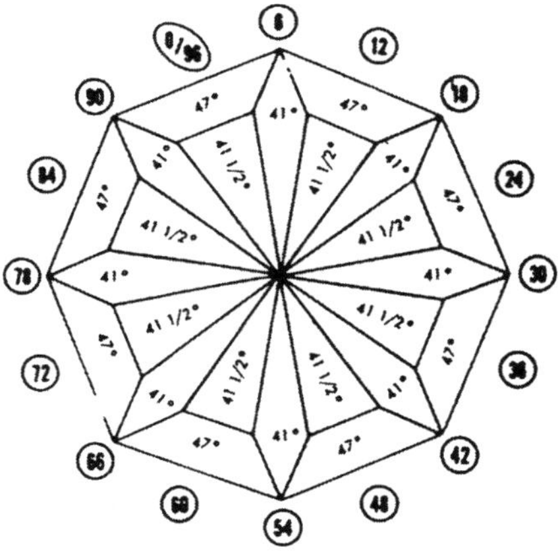

Oberteil: 8teiliger 2facher Zickzack abwechselnd links und rechts, mit Zuzatzfacetten.
Unterteil: 8teiliger 2fache Treppe und Stern, Index 96.
„Lady Bird Cut" von Don Hartley

Unterteil:

Schliff Nr.	Winkel (Grad)	Anzahl der Facetten	Index
1	41½	8	96 12 24 36 48 60 72 84
2	41	8	6 18 30 42 54 66 78 90
3	47	8	96 12 24 36 48 60 72 84

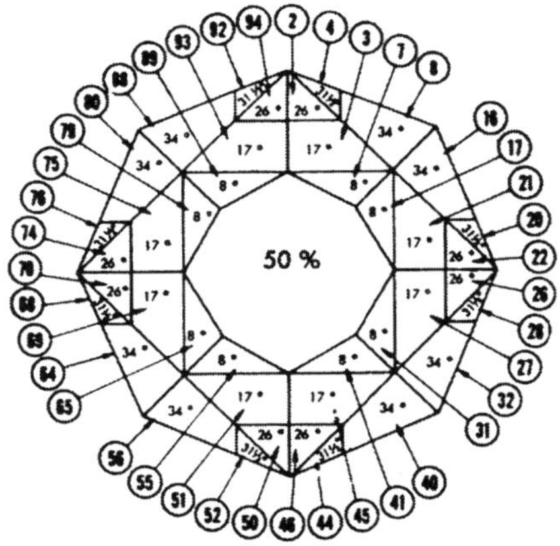

Oberteil:

Schliff Nr.	Winkel (Grad)	Anzahl der Facetten	Index
1	34	8	8 16 32 40 56 64 80 88
2	31½	8	4 20 28 44 52 68 76 92
3	17	8	3 21 27 45 51 69 75 93
4	26	8	2 22 26 46 50 70 74 94
5	8	8	7 17 31 41 55 65 79 89

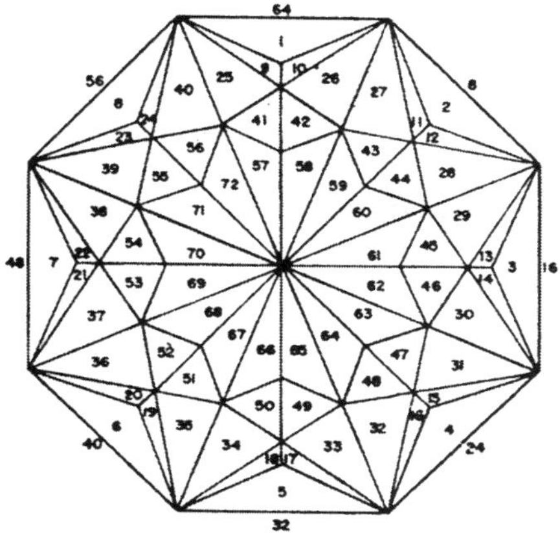

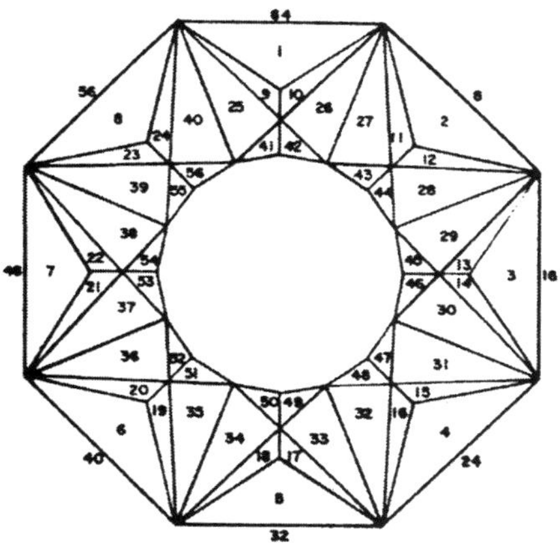

Nummern bezeichnen die Reihenfolge der Schliffe.

Zum Schluß die Tafel so passend einschleifen, wie die Zeichnung zeigt. Kurz vor dem Passen mit den Sternfacetten aufhören und fertig polieren.

Ballig vorschleifen!

Gemischter Schliff: K 2 S 8 / K 2 S 8

8teiliger Kreuzschliff mit zusätzlichen Doppelsternfacetten, Index 64. „Radiation Cut" von Merrill O. Murphy

Schliff Nr.	Winkel (Grad)	Anzahl der Facetten	Index			

Unterteil:

1- 8	65	8	64	32	48	16
			24	40	56	8
9-24	57	16	63	1	7	9
			15	17	23	25
			31	33	39	41
			47	49	55	57
25-40	51	16	61	3	5	11
			13	19	21	27
			29	35	37	43
			45	51	53	59
41-56	47	16	62	2	6	10
			14	18	22	26
			30	34	38	42
			46	50	54	58
57-72	41	16	61	3	5	11
			13	19	21	27
			29	35	37	43
			45	51	53	59

Oberteil:

1- 8	45	8	64	32	48	16
			24	40	56	8
9-24	40	16	63	1	7	9
			15	17	23	25
			31	33	39	41
			47	49	55	57
25-40	36	16	61	3	5	11
			13	19	21	27
			29	35	37	43
			45	51	53	59
41-56	30	16	62	2	6	10
			14	18	22	26
			30	34	38	42
			46	50	54	58

Gemischter Schliff: 3 T 4 z / 3 4 S 4 / T 4 z

Oberteil: 4teilige dreifache Treppe ohne Tafel mit Zusatzfacetten,
Unterteil: 4teiliger dreifacher Sternschliff, dreifache Treppe und Zusätze, Index 96.
„Schmetterlingsschliff" von Doris Crawford

Schliff Nr.	Winkel (Grad)	Anzahl der Facetten	Index
Unterteil:			
1- 4	55	4	96 48 24 72
5- 8	50	4	96 48 24 72
9-12	46	4	96 48 24 72
13-16	43	4	8 40 56 88
17-20	42	4	10 38 58 86
21-24	41	4	11 37 59 85
25-32	60	8	95 1 47 49 23 25 71 73
Oberteil:			
1	15	8	96 48 24 72 9 39 57 87
2	59	6	96 (mit 45°-Adapter)
	Die erste Facette wird eingerichtet auf Nr. 5 (9 D) mit 59° dann 10 D auf 31°, 11 D auf 55°, 12 D auf 35°, 13 D auf 51°, 14 D auf 39°.		
3	59	6	96 (mit 45°-Adapter)
	erste Facette eingerichtet auf 6 (15 D) mit 59°, weiter 16 D mit 31°, 17 D mit 55°, 18 D, mit 35°, 19 D mit 51°, 20 D mit 39°.		

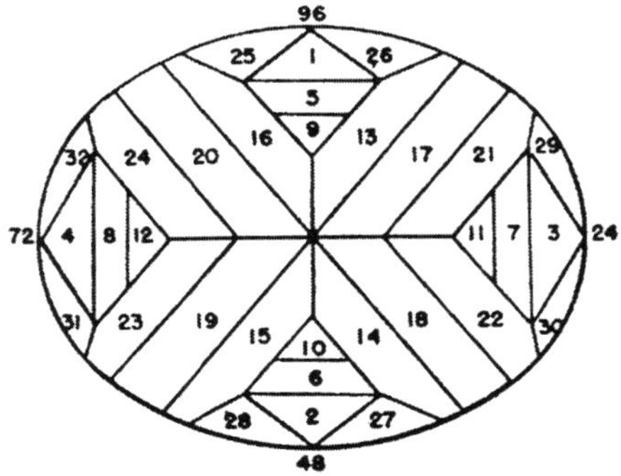

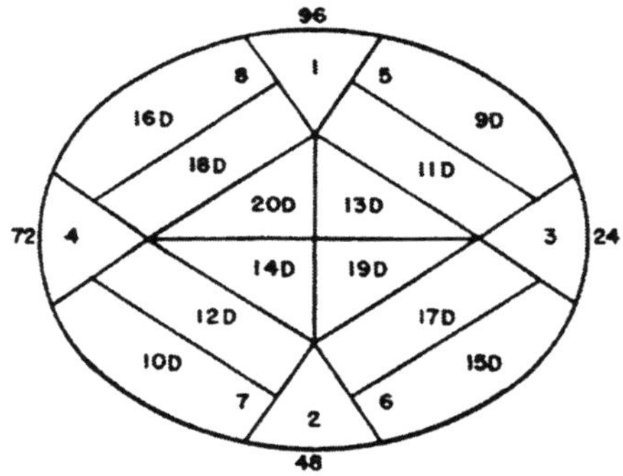

Nummern bezeichnen Reihenfolge der Schliffe.

In einem hellen Stein wird, wenn nach hinten dunkel abgedeckt, das dunkle Phantom eines Schmetterlings sichtbar (Phantomschliff).

Gemischter Schliff: 2 K 4(K 4) / K 4 2 S 4 z

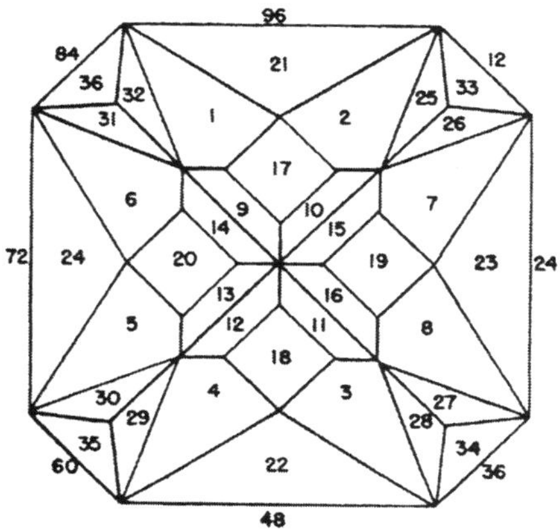

Oberteil: 4teiliger Doppelkreuzschliff, gebrochene Ecken Kreuzschliff,
Unterteil: Kreuzschliff, gebrochene Ecken Doppelsternschliff, an der Spitze 4 zusätzliche Sternfacetten, parallel wie Kreuzbalken, Index 96.
„Waffelschliff" von Edith B. Strout

Schliff Nr.	Winkel (Grad)	Anzahl der Facetten	Index			

Unterteil:

1- 8	44½	8	95	1	47	49
			71	73	23	25
9-16	41	8	95	1	47	49
			71	73	23	25
17-20	43	4	96	48	24	72
21-24	48	4	96	48	24	72
25-32	44	8	11	13	35	37
			59	61	83	85
33-36	46	4	12	36	60	84

Oberteil:

1- 4	55	4	96	24	48	72
5- 8	42	4	96	24	48	72
9-12	27	4	96	24	48	72

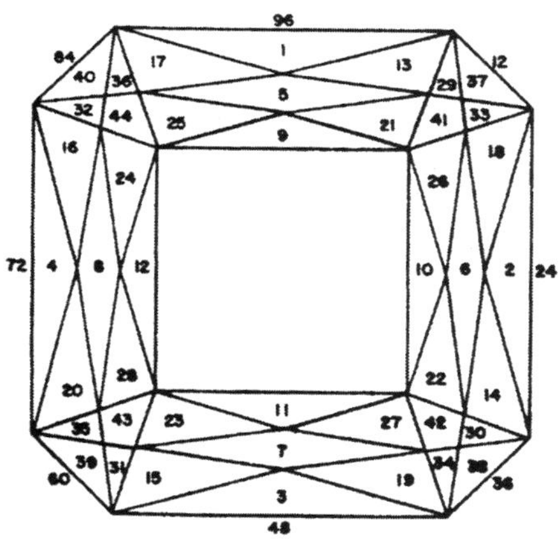

An dem so enstandenen 3fachen Treppenschliff wird wie folgt weitergemacht. Die genannten Indexwerte sind nur ungefähr und müssen am Feinsteller korrigiert werden, damit die Facetten nach der Abbildung zusammenlaufen.

13-20	50	8	1 25 49 73 95(CR) 23 47 71(CL)
21-28	34	8	1 25 49 73 95(CR) 23 47 71(CL)
29-36	51	8	11 35 59 83(CR) 13 37 61 85(CL)
37-40	55	4	12 36 60 84
41-44	45	4	12 36 60 84

CL = Feinsteller nach links,
CR = Feinsteller nach rechts.

Gemischter Schliff: $\frac{\text{BT 8}}{\text{BT 8}}$

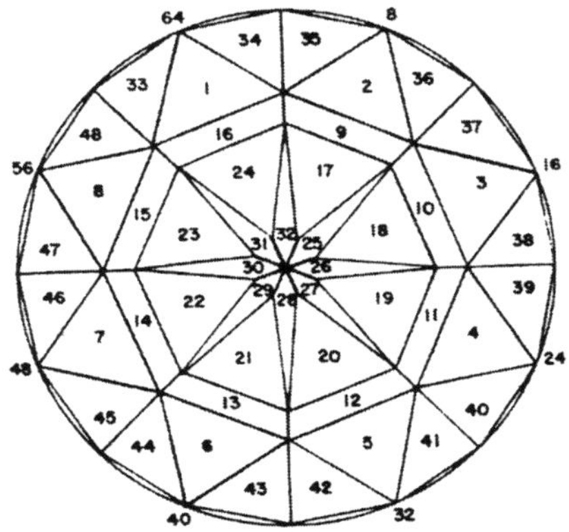

8teiliger Brillant- und Treppenschliff,
Index 64.
„Variationsschliff" von Doris Crawford

Schliff Nr.	Winkel (Grad)	Anzahl der Facetten	Index
Unterteil:			
1	55	8	64 32 48 16 24 40 56 8
2	50	8	64 32 48 16 24 40 56 8
3	48	8	64 32 48 16 24 40 56 8
4	41	8	4 12 20 28 36 44 52 60
5	58	16	63 1 7 9 15 17 23 25 31 33 39 41 47 49 55 57
Oberteil:			
1	55	8	64 8 16 24 32 40 48 56
2	45	8	64 8 16 24 32 40 48 56
3	37	8	64 8 16 24 32 40 48 56
4	22	8	4 12 20 28 36 44 52 60
5	60	16	63 1 7 9 15 17 23 25 31 33 39 41 47 49 55 57

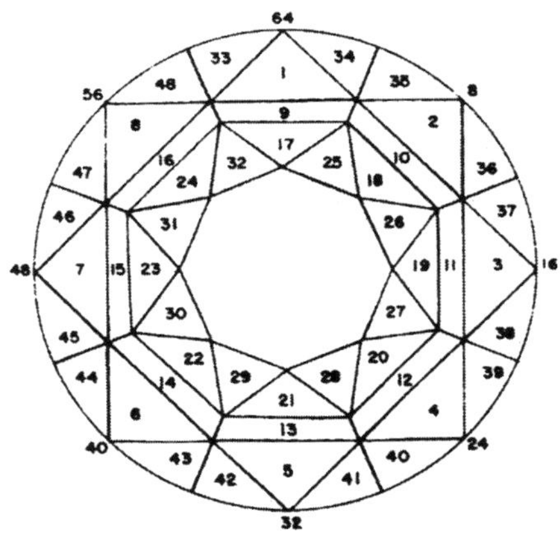

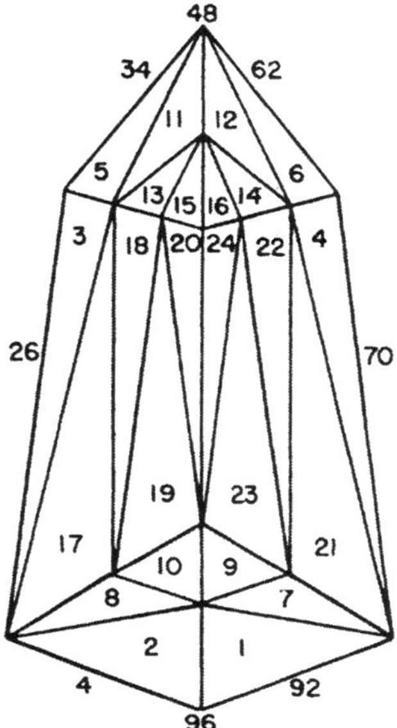

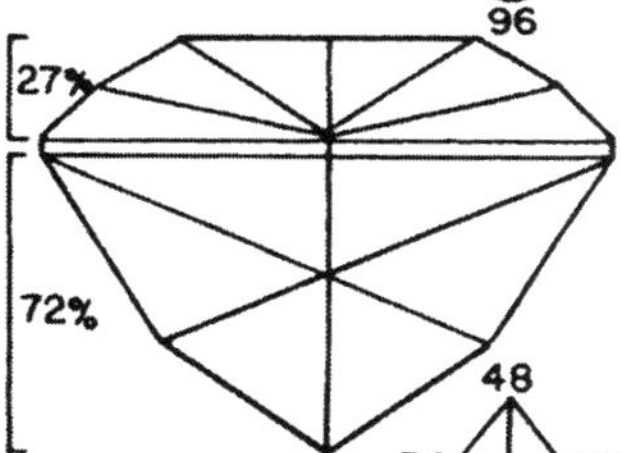

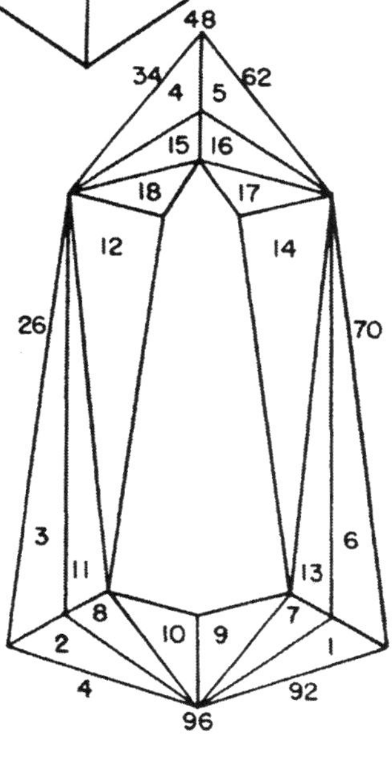

Gemischter Schliff: $\frac{3\ Ts\ 6}{2\ 3\ 4\ Z\ 6}$

Oberteil: 6teiliger dreifach schräger Treppenschliff,
Unterteil: 2-, 3- und 4facher Zickzackschliff, Index 96.
„Leuchtturm" von Edith B. Strout

Schliff Nr.	Winkel (Grad)	Index	Fein steller	Schliff Nr.	Winkel (Grad)	Index	Fein steller
Unterteil:							
1	52	92		15	40	36	CR 0,5
2	52	4		16	40	60	CL 0,5
3	57	26		17	52	26	CR 1
4	57	70		18	46	26	CL 0,1
5	56	34		19	42	26	CR 0,1
6	56	62		20	40	26	CL 0,5
7	47	91		21	52	70	CL 1
8	47	5		22	46	70	CR 0,1
9	40	92		23	42	70	CL 0,1
10	40	4		24	40	70	CR 0,5
11	51	35	CR1				
12	51	61	CL1				
13	45	35	CR1				
14	45	61	CL1				
Oberteil:							
1	43	92		10	34	3	CR2
2	43	4		11	36	26	CL1
3	42	26		12	32	26	CL2
4	43	34		13	36	70	CR1
5	43	62		14	32	70	CR2
6	42	70		15	36	33	
7	36	93		16	36	63	
8	36	3		17	34	33	CR2
9	34	93	CL2	18	34	63	CL2

Tafel: Breite 50% der Steinbreite.
Polierfolge von der Spitze bzw. Tafel zur Rundiste.
CR 1 = Feinsteller um eine ganze Teilung nach rechts. CL 1 nach links.
CL 0,1 = Feinsteller um 1/10 Teilung nach links.
CR 0,5 = Feinsteller um die halbe Teilung nach rechts.

Gemischter Schliff: $\frac{2\,S\,2\,T\,11}{2\,S\,3\,T\,11}$

Oberteil: 11teiliger Doppelstern und Treppenschliff,

Unterteil: 11teiliger Doppelstern mit 2 zusätzlichen Treppenfacetten, Index 96. „Stundenglas" von Edith B. Strout

Schliff Nr.	Winkel (Grad)	Index	Schliff Nr.	Winkel (Grad)	Index	Schliff Nr.	Winkel (Grad)	Index

Unterteil:

Schliff Nr.	Winkel (Grad)	Index	Schliff Nr.	Winkel (Grad)	Index	Schliff Nr.	Winkel (Grad)	Index
1	46	26	11	40,5	7	21	50	66
2	46	70	12	40,5	89	22	45	48
3	45	6	13	41	5	23	45	43
4	45	90	14	41	91	24	45	53
5	40	25	15	50	48	25	45	60
6	40	71	16	50	43	26	45	36
7	40	28	17	50	53	27	40	48
8	40	68	18	50	60	28	40	43
9	42	26	19	50	36	29	40	53
10	42	70	20	50	30			

Oberteil:

Schliff Nr.	Winkel (Grad)	Index	Schliff Nr.	Winkel (Grad)	Index	Schliff Nr.	Winkel (Grad)	Index
1	36	26	9	41	36	17	33,5	91
2	36	70	10	41	30	18	33,5	89
3	36	6	11	41	66	19	33,5	7
4	36	90	12	30,5	25	20	36	48
5	41	48	13	30,5	71	21	36	43
6	41	43	14	31,5	69	22	36	53
7	41	53	15	31,5	27	23	36	60
8	41	60	16	33,5	5	24	36	36

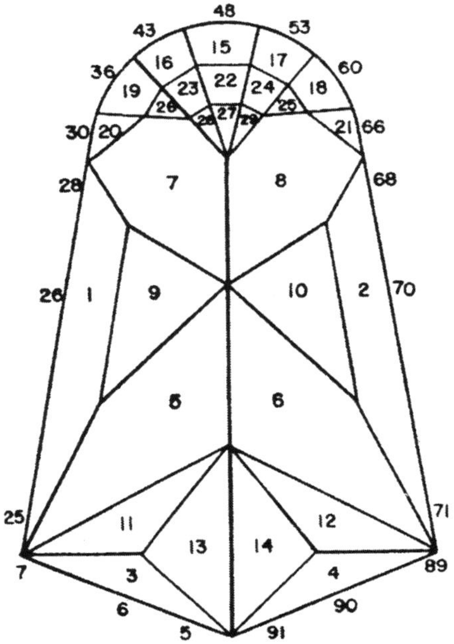

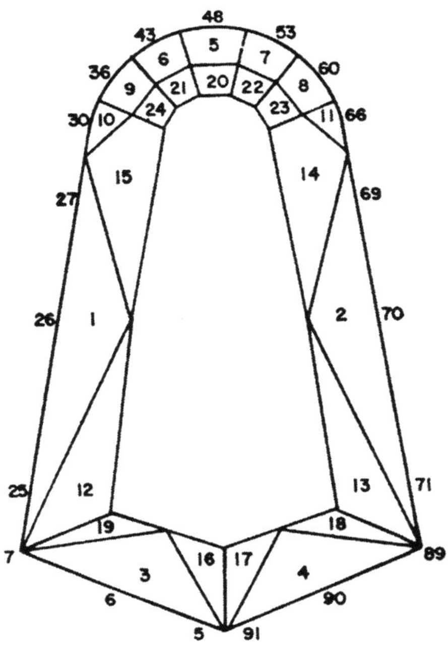

Gemischter Schliff: $\frac{K\,4\,T\,4}{2\,S\,4\,B\,4\,2\,T\,8}$

Oberteil: 4teiliger Kreuzschliff, Ecken einfache Treppe,
Unterteil: 4teiliger Doppelsternschliff, Ecken Brillant, Index 96, zur Spitze sind die Sternfacetten getreppt.
„Malteserkreuz" von Edith B. Strout

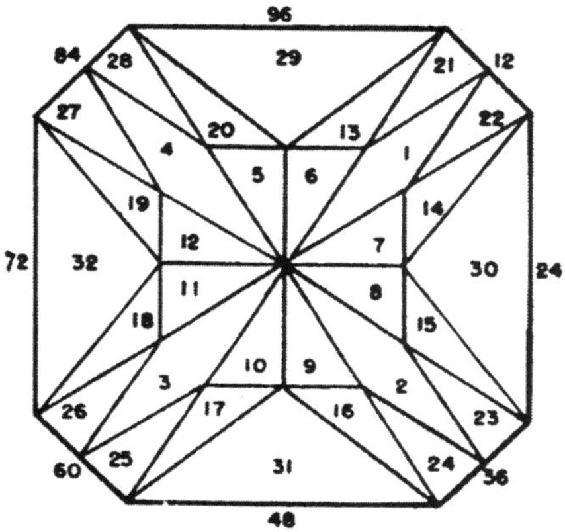

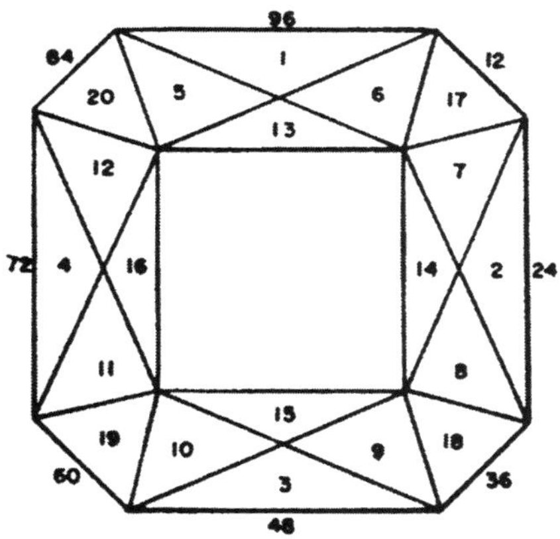

Schliff Nr.	Winkel (Grad)	Anzahl der Facetten	Index			

Unterteil:

1- 4	41	4	12	36	60	84
5-12	43	8	95	1	23	25
			47	49	71	73
13-20	46	8	95	1	23	25
			47	49	71	73
21-28	42	8	11	13	35	37
			59	61	83	85
29-32	48	4	96	24	48	72

Oberteil:

1- 4	45	4	96	48	24	72
5-12	36	8	94	2	22	26
			46	50	70	74
13-16	27	4	96	48	24	72
17-20	38	4	12	36	60	84

Gemischte Schliff: Rundfacetten / T 16

Oberteil: 12 Rundfacetten regellos,
Unterteil: einfacher 16teiliger Treppenschliff.
„Dandelion" (Löwenzahnschliff)
von Tauro Paronen, Index 96.

Als Ausgangsmaterial wird eine genaue, hochglanzpolierte Kugel genommen!

Oberteil:

Schliff Nr.	Winkel (Grad)	Anzahl der Facetten	Index
1	13	1	62
2	24	1	94
3	37	1	37
4	43	1	73
5	46	1	15
6	58	1	52
7	58	1	91
8	60	1	41
9	64	1	65
10	68	1	80
11	68	1	30
12	73	1	5

Unterteil:

Schliff Nr.	Winkel (Grad)	Anzahl der Facetten	Index
1	41	1	96
2	41	1	48
3	41	1	24
4	41	1	72
5	41	1	12
6	41	1	36
7	41	1	60
8	41	1	84
9	41	1	6
10	41	1	18
11	41	1	30
12	41	1	42
13	41	1	54
14	41	1	66
15	41	1	78
16	41	1	90

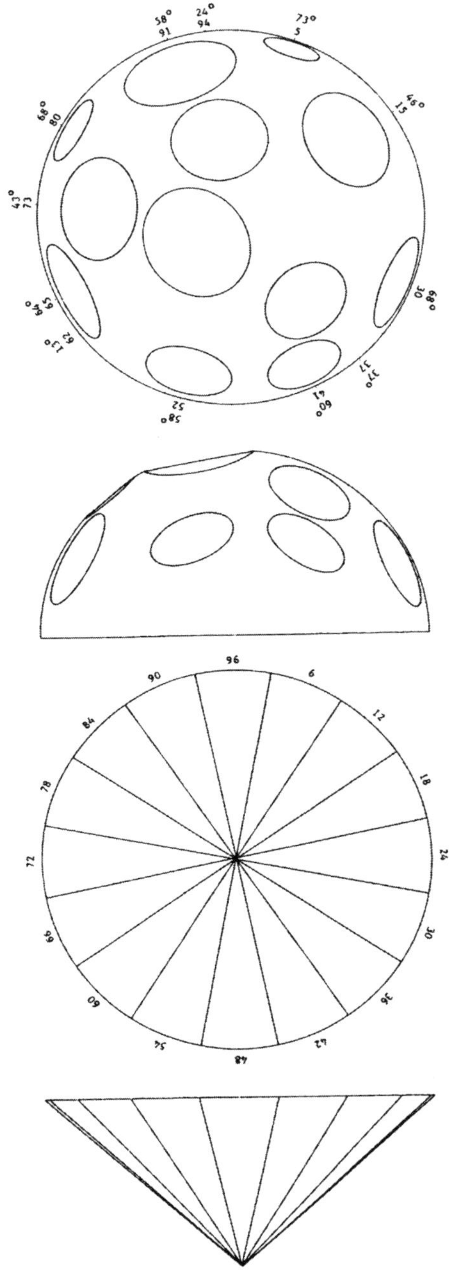

Gemischter Schliff: Rundfacetten / S 16

Oberteil: Rundfacetten,
Unterteil: 16teiliger Sternschliff, Index 64.
„Margerite" von Wm. J. Maloney

Ausgangsmaterial ist 1/8 Kugel, die auf der Wölbung hochglanzpoliert sein muß. Der Schliff zeichnet sich gegenüber dem „Dandelion" durch viel sparsamere Verwendung des Materials aus. Aus einer Kugel können hier 8, dort nur ein Facettenstein angefertigt werden.

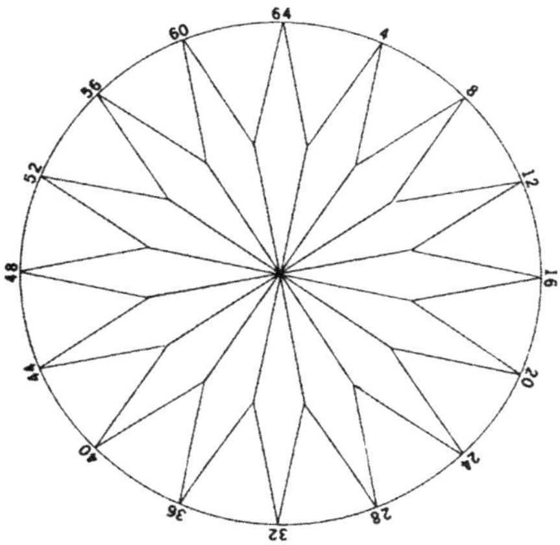

Schliff Nr.	Winkel (Grad)	Anzahl der Facetten	Index
Unterteil:			
1	41	16	64 32 16 48 8 24 40 56 4 12 20 28 36 44 52 60
2	43	16	2 6 10 14 18 22 26 30 34 38 42 46 50 54 58 62
Oberteil:			
1	23	8*)	64 16 8 32 24 48 40 56

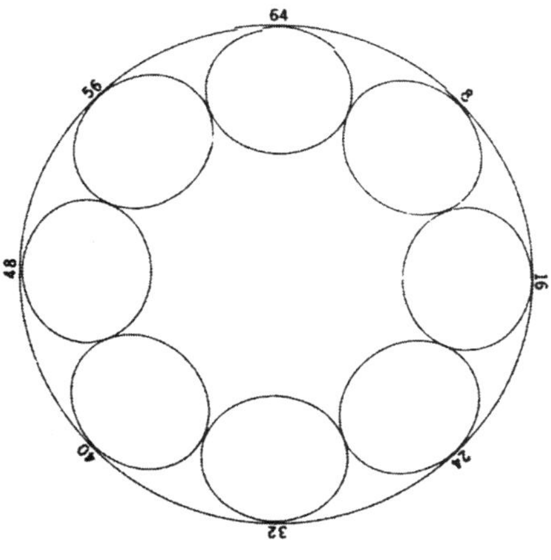

*) 8 Rundfacetten, die sich gegenseitig nur berühren.

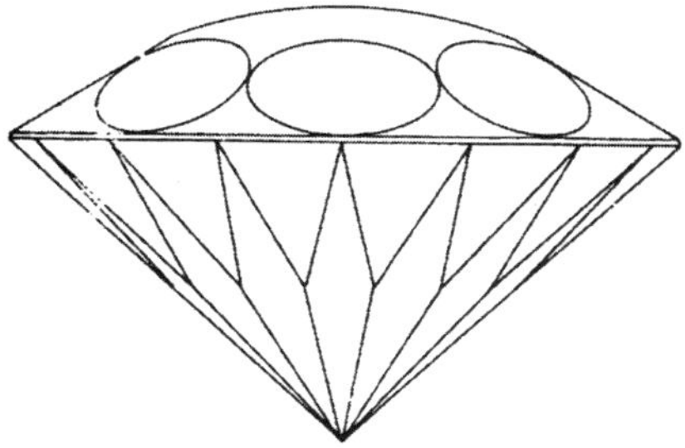

Regelloser Schliff: T 17 schief

17teiliger schiefer Treppenschliff (Einfachschliff), Index 96.
„Parasol Cut" von Gus Mollin

Schliff Nr.	Winkel (Grad)	Anzahl der Facetten	Index
Oberteil:			
1	45	1	96
2	38	1	5
3	31	1	10
4	27	1	16
5	22	1	24
6	22	1	32
7	24	1	38
8	26	1	42
9	28	1	45
10	30	1	51
11	31	1	55
12	32	1	60
13	34	1	67
14	38	1	72
15	40	1	77
16	42	1	82
17	45	1	88
Unterteil:			
1	47	1	96
2	49	1	92
3	48	1	85
4	47	1	77
5	46	1	72
6	45	1	63
7	46	1	57
8	46	1	54
9	44	1	50
10	41	1	47
11	37	1	43
12	32	1	37
13	29	1	33
14	29	1	24
15	30	1	20
16	31	1	16
17	35	1	9

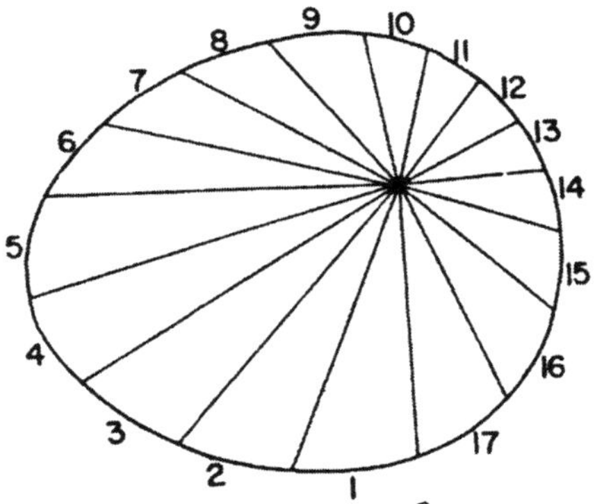

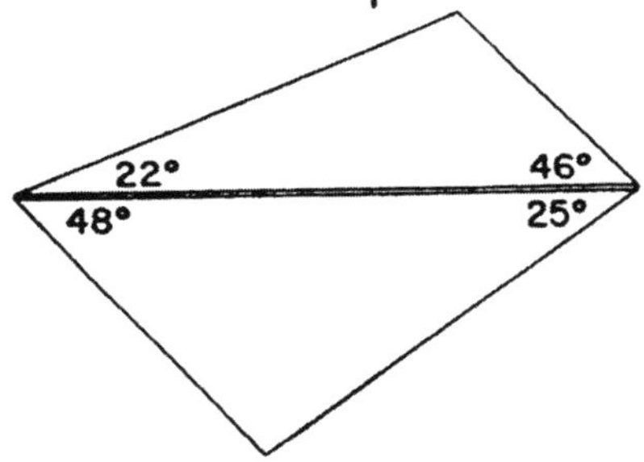

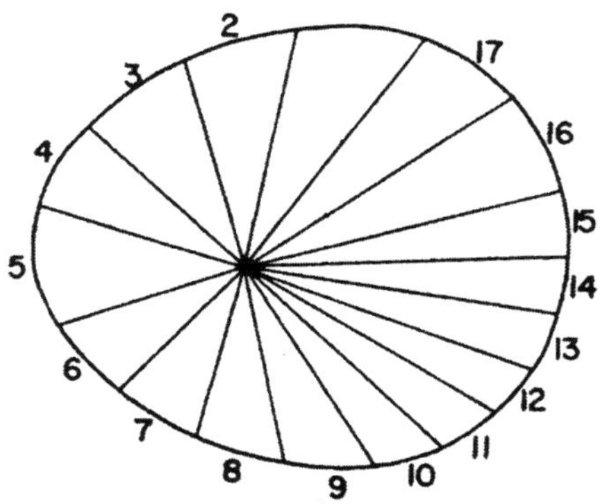

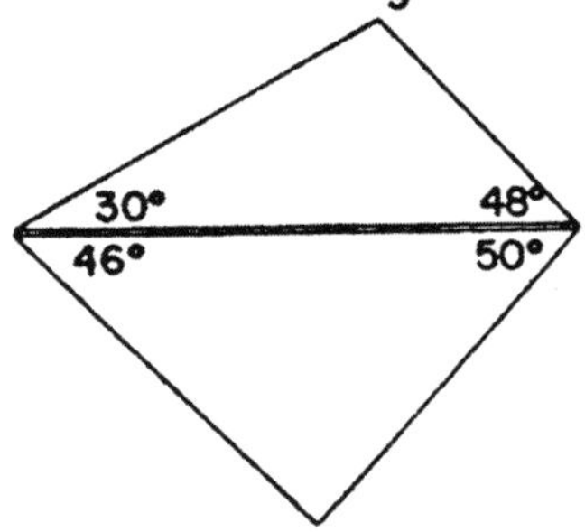

Länge des fertigen Steins	24 mm
Breite	17 mm
Höhe	17 mm
Oberteilhöhe	7 mm
Unterteilhöhe	9 mm
Rundiste	1 mm

Regelloser Schliff:

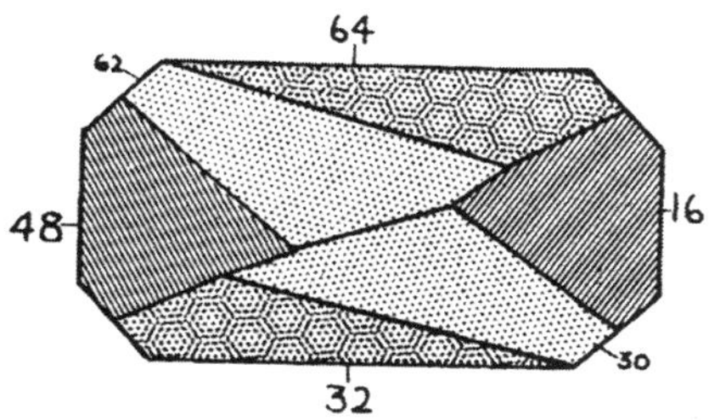

8teiliger regelloser Schliff, Index 64.
„SKEW" (Schrägschliff)

Schliff Nr.	Winkel (Grad)	Anzahl der Facetten	Index

Unterteil:

erste Version:

1	43	2	16	48
2	54	2	64	32
3	39	2	30	62

zweite Version: zusätzlich

4	42	2	31	63
5	45	2	40	8
6	37	2	56	37

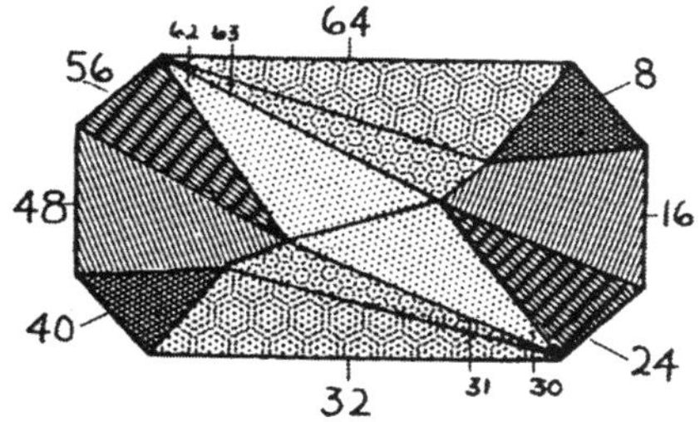

Oberteil:

1	18	1	2
2	25	1	8
3	45	1	16
4	21	1	24
5	52	1	32
6	21	1	40
7	35	1	64
8	17	1	46
9	20	1	48
10	26	1	56

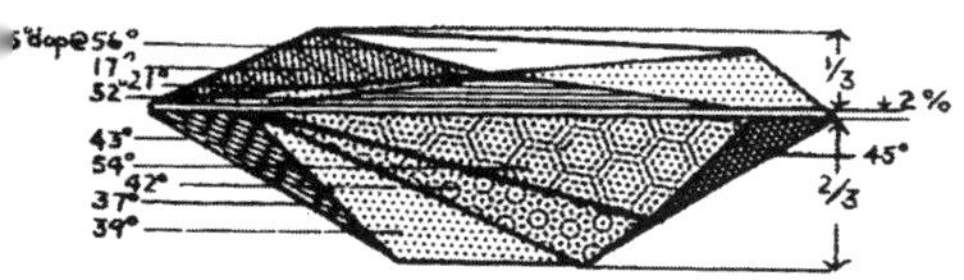

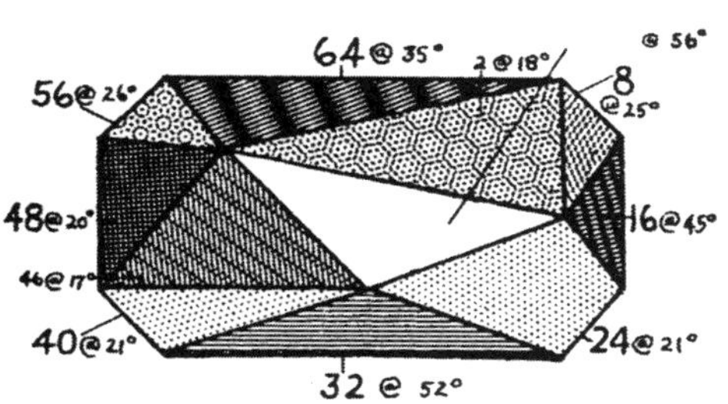

Nach Politur in der gleichen Folge:
Tafel: mit 45°-Adapter eingeschliffen bei 56°, d. i. 11° ohne Adapter.

Historischer Schliff: B 8

8teiliger Brillant in sog. antiker Form (Peruzzischliff), Größe 25 x 23 x 16 mm. „Hope Diamant", Index 64.

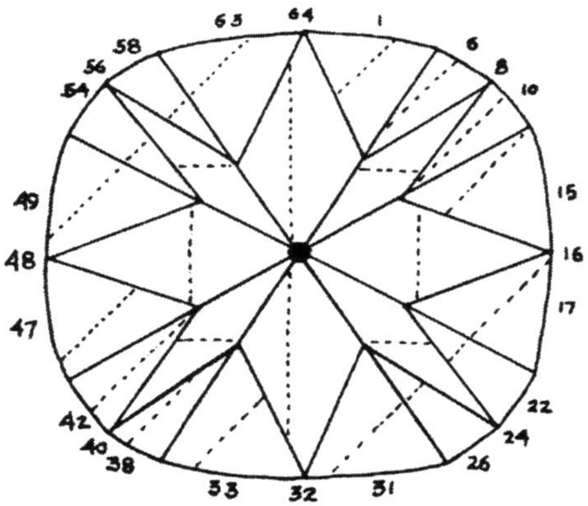

Schliff Nr.	Winkel (Grad)	Anzahl der Facetten	Index

Unterteil:

Zuerst die Kalette (gebrochene Spitze) polieren

1	43	4	64 16 32 48
2	45	4	8 24 40 56
3	43½	16	63 1 33 31 15 17 47 49 6 10 22 26 38 42 54 58

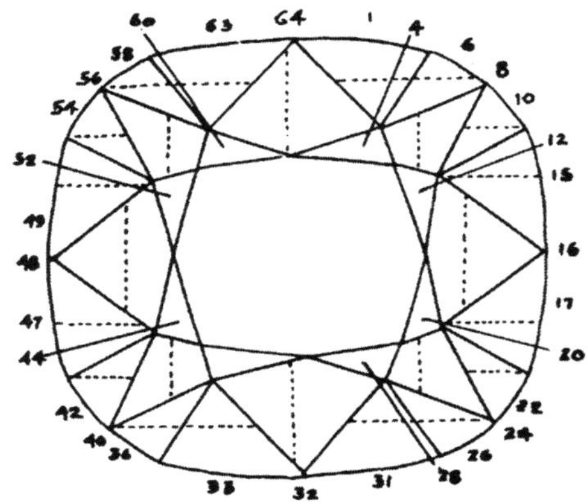

Oberteil:

1	42	8	64 8 16 24 32 40 48 56
2	47	16	63 1 33 31 15 17 47 49 6 10 22 26 38 42 54 58
3	29	8	4 12 20 28 36 44 52 60

Polieren in derselben Reihenfolge.

Tafel: ca. 16 x 14 mm.

Nachschliff zweckmäßig aus einer großen tiefblauen Birne aus synthetischem Spinell.

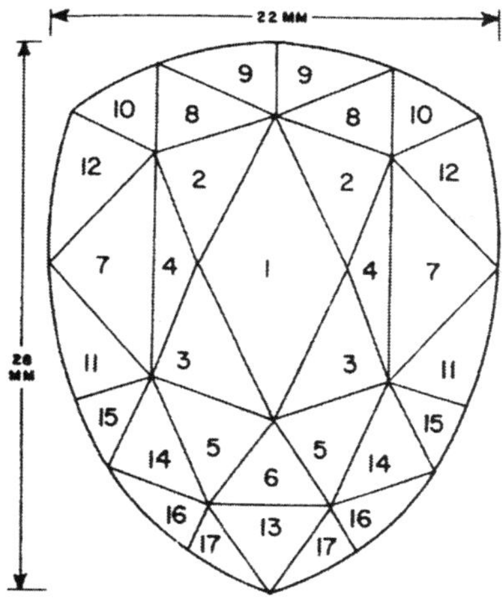

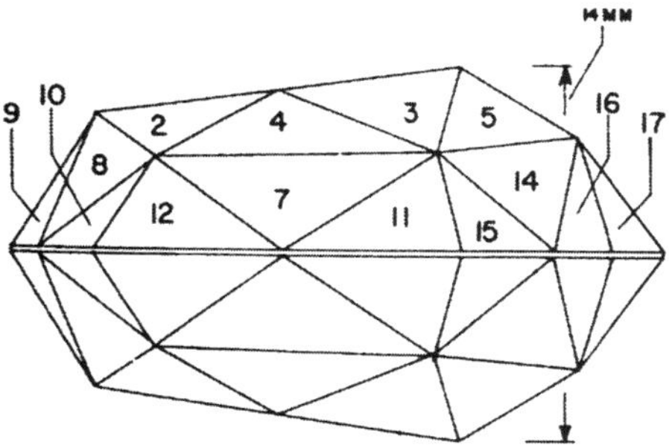

Historischer Schliff: B 7 T 5

7teiliger Brillantschliff, 5 Hauptfacetten getreppt, Größe 28 x 22 mm.
„Sancy Diamant", Index 64.

Schliff Nr.	Winkel (Grad)	Anzahl der Facetten	Index

Ober- und Unterteil gleich:

1	12	1	64
2	20	2	6 58
3	25	2	16 48
4	33	2	15 49
5	45	2	25 39
6	45	1	32
7	40	2	15 49
8	38	2	5 59
9	47	2	2 62
10	42	2	7 57
11	61	2	18 46
12	42	2	15 49
13	47	1	32
14	51	2	25 39
15	60	2	22 42
16	60	2	26 38
17	58	2	28 36

Historischer Schliff: $\frac{\text{BT 8}}{\text{BT 8}}$

8teiliger Brillantschliff mit getreppten Hauptfacetten, Größe 53 x 44 mm. „Cullinan I" Index 64

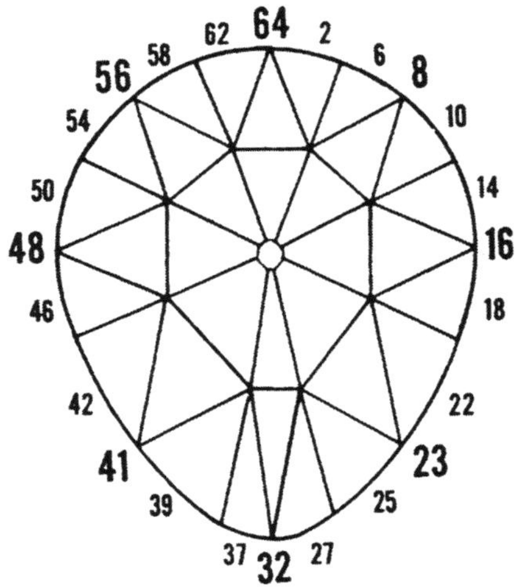

Unterteil:

Schliff Nr.	Winkel (Grad)	Anzahl der Facetten	Index
1	43	7	64 8 16 23 41 48 56
2	38	1	32
3	45	7	64 8 16 23 41 48 56
4	40	1	32
5	50	16	2 6 10 14 18 22 25 27 37 39 42 46 50 54 58 62

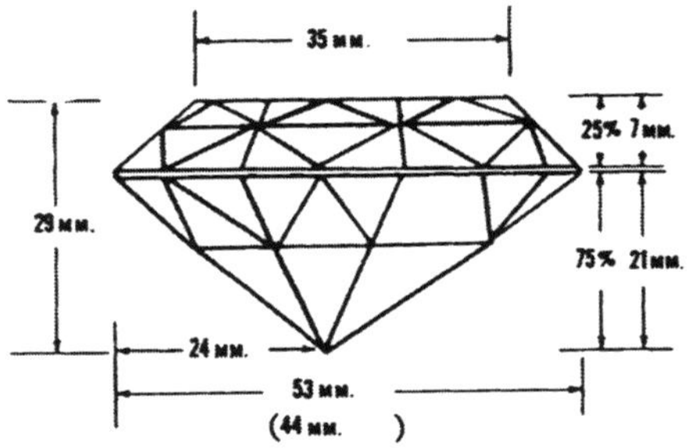

Oberteil:

Schliff Nr.	Winkel (Grad)	Anzahl der Facetten	Index
1	42	8	64 8 16 23 32 41 48 56
2	36	8	64 8 16 23 32 42 48 56
3	46	16	2 6 10 14 18 22 25 27 37 39 42 46 50 54 58 62
4	27	10	4 12 18 22 27 37 42 46 52 60

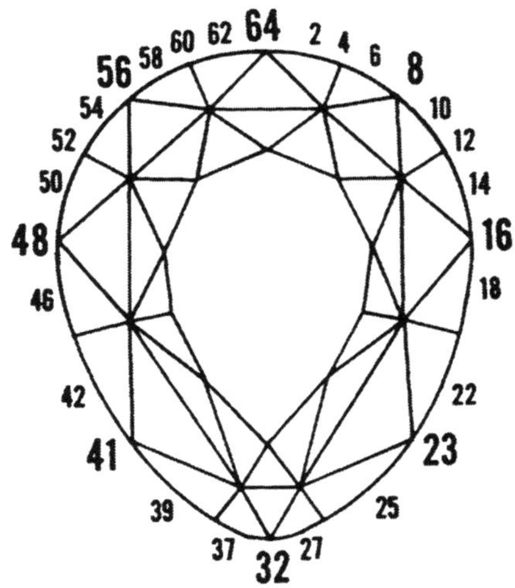

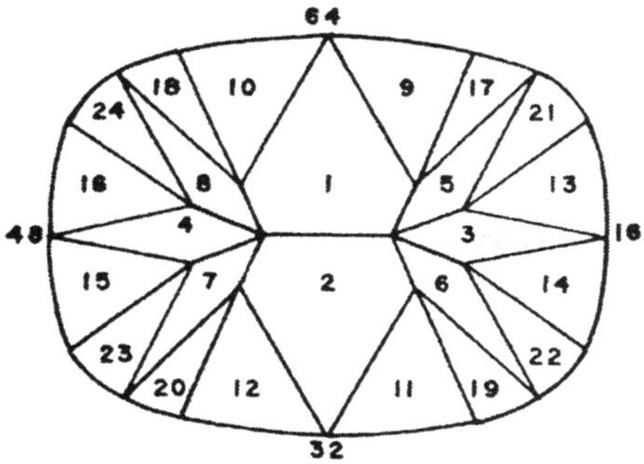

Historischer Schliff: B 8

8teiliger Brillantschliff (Peruzzischliff),
Index 64, Größe 16 x 12 mm.
„Cullinan VIII"

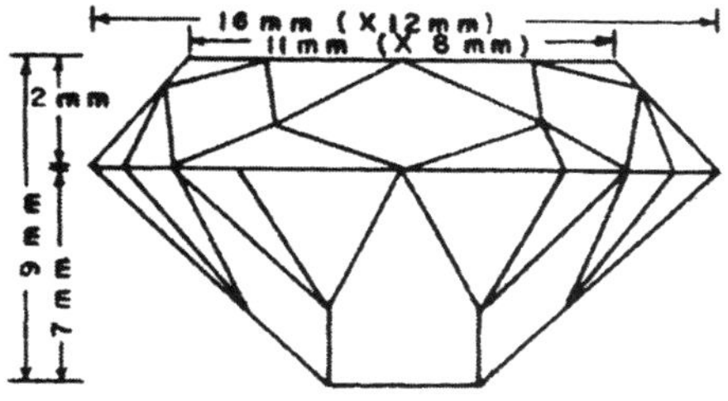

Schliff Nr.	Winkel (Grad)	Anzahl der Facetten	Index			
Unterteil:						
1	43	4	64	32	16	48
2	41	4	8	24	40	56
3	46	4	2	62	30	34
4	44	4	14	18	46	50
5	45	4	4	60	28	36
6	43	4	12	20	44	52
Oberteil:						
1	42	4	64	32	16	48
2	35	4	8	24	40	50
3	23	4	3	61	29	33
4	25	4	12	20	44	52
5	59	4	2	62	30	32
6	53	4	14	18	46	50
7	54	4	4	60	28	36
8	49	4	12	20	44	52

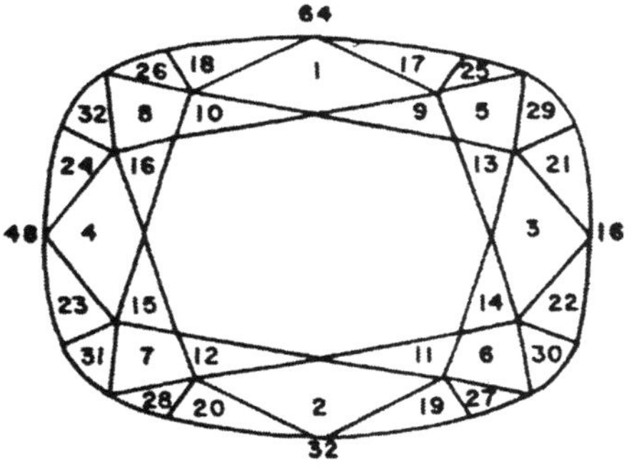

Historischer Schliff: B 8

8teiliger Brillantschliff in Tropfenform,
Index 64, Größe 14 x 10,5 mm.
„Cullinan IX"

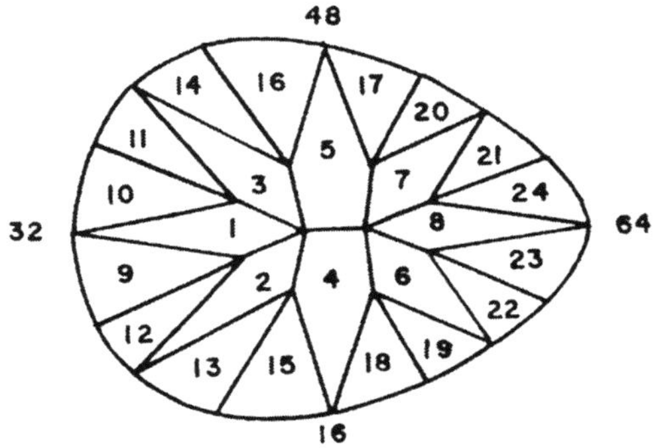

Unterteil:

Schliff Nr.	Winkel (Grad)	Anzahl der Facetten	Index
1- 7	43	7	32 24 40 16 48 10 54
8	34	1	64
9-14	44	6	30 34 38 26 22 42
15-16	45	2	18 46
17-18	46	2	51 13
19-20	44	2	13 53
21-22	40	2	57 7
23-24	37	2	4 60

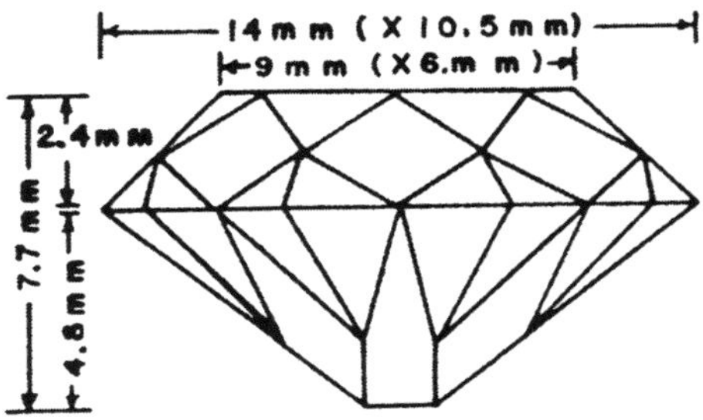

Oberteil:

Schliff Nr.	Winkel (Grad)	Anzahl der Facetten	Index
1- 7	42	7	32 24 40 16 48 10 54
8	31	1	64
9-14	26	6	28 36 19 45 51 11
15-16	20	2	5 59
17-22	49	6	30 34 26 38 42 22
23-28	52	6	18 46 50 14 12 52
29-30	48	2	56 8
31-31	40	2	2 62

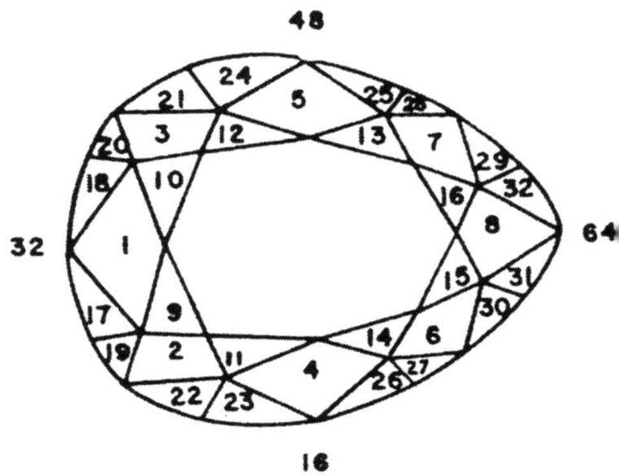

18 Schrifttum, Vereine und Schleifclubs

Eine weitere Vertiefung in die Technik des Schleifens von Edelsteinen und Mineralien bietet das Buch: „Gem Cutting" von J. Sinkankas, 1962, D. Van Nostrand Co. Inc. Princetown N. J. — Hier ist wirklich jeder einzelne Handgriff erklärt. Es wird auch die Technik des Trommelpolierens, der Gravierungen und Einlegearbeiten, der Kugelherstellung erklärt, die in diesem kleinen Büchlein keinen Platz finden konnten (englisch). Das kleine Heft: „Rock polishing for Everyone" v. John Willhammer, Gary, Ind. behandelt die erwähnte Samtpoliermethode und ist besonders für Mineralienschleifer zu empfehlen (englisch).

Für die Vertiefung des Wissens um die Arten der Edelsteine und ihre Bestimmung sei empfohlen: „Edelsteine und Perlen" von Prof. Karl Schloßmacher, Stuttgart 65, sowie Chudoba-Gübelin: Edelsteinkundliches Handbuch, Bonn 66.

Zeitschriften vermitteln den Kontakt zur Umwelt, das gilt besonders für dieses neue Hobby. Man merkt, daß man nicht allein oder isoliert seinen Neigungen nachgeht, sondern daß Millionen die gleiche Freude daran finden. Man erfährt von Suchfahrten und Expeditionen mit Landschafts- und Fundortschilderungen, den Namen und die Adresse eines Steinhändlers im fernen Mexico, von einem Berg aus Jade in Alaska oder einer Geburtstagsfeier in einem Tempel Kambodschas, die ein amerikanischer Hobbyfreund dort abhielt, mit einem anschließenden Besuch der dortigen Saphirminen. Aber auch über Fundorte in Deutschland, Österreich und der Schweiz kann man etwas erfahren und diese dann selbst besuchen. Des weiteren lernt man neue Maschinen und Geräte, neue Schleifmittel, Arbeitsverfahren und Schlifformen kennen, findet ein reiches Angebot an Rohsteinen aus der ganzen Welt und kann diese dann aus jedem Land selbst bestellen. Man kann auch über interessante Themen dieses Hobbys mit der ganzen Welt korrespondieren und diskutieren, denn die Adressen der Verfasser sind jeweils angegeben. Für Kundige der englischen Sprache sei empfohlen: „Lapidary Journal", P.O. Box 2369 San Diego, Calif.

„Zeitschrift der deutschen Gesellschaften für Edelsteinkunde", Idar Oberstein 2, Gewerbehalle. —

„Der Aufschluß", Zeitschrift für die Freunde der Mineralogie und Geologie, 69 Heidelberg, Gaisbergstraße 53. Die Vereinigung hat Bezirksgruppen in größeren Städten, Tauschecke für Mitglieder in den Heften kostenlos.

Schleifklubs gibt es z. Zt. auf der ganzen Welt 1440, in Frankreich (Les Amis des anciennes Mines) und Holland (Den Haag), Berlin, München und Stuttgart werden folgen.

In Deutschland sind die Amateurschleifer zentral in der „Deutschen Gemmologischen Gesellschaft" Unterabteilung „Arbeitsgemeinschaft der Amateurschleifer" organisiert. Hier wird der Anfänger wie der Fortgeschrittene betreut und beraten. Er kann an Schleifkursen, edelsteinkundlichen und Sammelexkursionen teilnehmen, zu den Tagungen der Gesellschaft Vorträge besuchen und in gepflegtem Rahmen Gedankenaustausch mit Hobbyfreunden und Gemmologen pflegen. In der „Zeitschrift der Gemmologischen Gesellschaft" findet er Anregungen für die weitere Beschäftigung mit seinem Hobby. Er kann aber auch edelsteinkundliche Lehrgänge besuchen und wenn er will sein Hobby zum Beruf erweitern Prüfungen ablegen und bei deren Bestehen die Bezeichnung „Gemmologe DGemG" führen. Diese Förderungsmöglichkeiten an einer Stelle zusammengefaßt gibt es sonst nirgends auf der Welt, doch steht sie allen auch Ausländern jederzeit offen.

Der Sitz der Gesellschaft, Idar-Oberstein, ist das Mekka der Edelsteinpilger aus der ganzen Welt und so ist es für uns deutsche Amateure auch zugleich das Tor zur Welt, zur Erweiterung unseres Horizontes über die ganze Erde. Die Gewerbehalle in Idar-Oberstein, die auch eine umfangreiche Edelsteinausstellung beherbergt, ist Sitz der Gesellschaft und von da sind es ein paar Schritte bis zum neuen Hochhaus der Diamant- und Edelsteinbörse Idar-Oberstein. Nach den Tagungen und Schleifkursen trifft man sich am Abend noch beim Spießbraten oder besucht eine Schleiferei oder ein Steinlager, um dort günstig ein paar hübsche oder seltene Rohsteine zu erwerben. Hier wird man Mitglied der großen Schleiferfamilie und denkt immer wieder gerne zurück an die schönen Tage, die man dort verbrachte.